矿山闭坑运行新机制

赵怡晴　李仲学　王 波　著

北 京
冶 金 工 业 出 版 社
2015

内 容 简 介

本书系统介绍了基于矿山生命周期的闭坑运行新机制，主要内容包括国内闭坑管理现状及存在问题、国外闭坑最佳实践、基于矿山生命周期的闭坑运行机制总体设计、矿山闭坑内容的实施、矿山闭坑完成评价、矿山闭坑实践和政策建议等。

本书可作为地质勘查、矿山生产技术与管理、矿产资源经济等相关领域的研究设计、金融机构、政府部门人员的工作参考书，也可作为地质、采矿、矿山安全、资源经济等相关学科及专业本科生和研究生的教学辅助资料。

图书在版编目(CIP)数据

矿山闭坑运行新机制/赵怡晴，李仲学，王波著．—北京：冶金工业出版社，2015.5

ISBN 978-7-5024-6900-9

Ⅰ.①矿…　Ⅱ.①赵…　②李…　③王…　Ⅲ.①矿山开采—采空区处理—研究　Ⅳ.①TD325

中国版本图书馆 CIP 数据核字（2015）第 074175 号

出 版 人　谭学余
地　　址　北京市东城区嵩祝院北巷 39 号　邮编　100009　电话　(010)64027926
网　　址　www.cnmip.com.cn　电子信箱　yjcbs@cnmip.com.cn
责任编辑　俞跃春　贾怡雯　美术编辑　彭子赫　版式设计　孙跃红
责任校对　郑　娟　责任印制　彭子赫
ISBN 978-7-5024-6900-9
冶金工业出版社出版发行；各地新华书店经销；中煤涿州制图印刷厂北京分厂印刷
2015 年 5 月第 1 版，2015 年 5 月第 1 次印刷
169mm×239mm；8.25 印张；180 千字；118 页
46.00 元

冶金工业出版社　投稿电话　(010)64027932　投稿信箱　tougao@cnmip.com.cn
冶金工业出版社营销中心　电话　(010)64044283　传真　(010)64027893
冶金书店　地址　北京市东四西大街 46 号(100010)　电话　(010)65289081(兼传真)
冶金工业出版社天猫旗舰店　yjgycbs.tmall.com
（本书如有印装质量问题，本社营销中心负责退换）

前　言

矿山闭坑运行机制对于优化矿产资源的开发利用及社会经济效益至关重要，已取得国际矿业界的广泛共识，受到国际社会高度关注。但到目前为止，我国矿山闭坑管理主要限于矿产资源及储量管理、矿山地质信息管理等方面，难以适应经济社会发展转型的需要。

本书借鉴经济社会较为发达国家或地区的矿山闭坑管理经验，系统地对比分析了国内外矿山闭坑的实践及差异，主要包括国外的最佳实践，包括国际组织动态，部分国家的法律规制以及一些产业组织的典型做法，分析了国内相关问题的现状。结合我国实际情况，给出了基于矿业项目生命周期的矿山闭坑运行新机制的要素，包括目标与原则、闭坑计划、责任分工、利益相关方咨询、土地利用、闭坑基础工作、闭坑申请、闭坑施工、监测维护、责任移交和财经保障等方面，探讨了这些内容的时间关系、操作办法及实施途径，形成了我国基于矿业项目生命周期的矿山闭坑运行新机制，并提出了矿山闭坑完成的评价指标及方法。

基于矿山生命周期的闭坑运行新机制作为矿产资源开发利用决策与活动的重要过程，其最佳实践能够有效减轻矿产及国土资源浪费、地质扰动及灾害、地形地貌及自然景观损害、生态环境退化、人居安全健康损失、社区发展波动等负面影响及风险，对企业信誉与社区可持续发展具有深远意义。

本书的一些研究工作得到了国土资源部储量司、中国国土资源经济研究院等部门及单位领导和专家的大力支持与指导，本书的出版得到了国家自然科学基金项目（51174260）的资助，在此表示感谢。

本书在编写过程中，硕士研究生覃璇、王华蓥、胡晓运等参与了图表设计、文字编录、书稿审读等工作，作者衷心地感谢他们做出的贡献。

由于时间和水平有限，书中难免存在不妥之处，诚请读者不吝批评指正。

作　者
2015年1月

目　录

1 国内闭坑管理现状及存在问题

1.1 行业规制现状

我国关于矿山闭坑的规范性管理工作最早可以见于1986年颁布、1996年修改的《矿产资源法》，该法规定"关闭矿山，必须提出矿山闭坑报告及有关采掘工程、安全隐患、土地复垦利用、环境保护的资料，并按照国家规定报请审查批准"。在《矿产资源法实施细则》、《关于加强矿山（坑、井）关闭资源监督管理的通知》、《矿山闭坑地质报告审批办法》（储发〔1995〕40号）等相关规章中，对矿山闭坑做出了相关规定。

《矿产资源法实施细则》明确提出采矿权人在采矿许可证有效期满或者在有效期内，停办矿山而矿产资源尚未采完的，必须采取措施将资源保持在能够继续开采的状态，并事先完成下列工作：

（1）编制矿山开采现状报告及实测图件。

（2）按照有关规定报销所消耗的储量。

（3）按照原设计实际完成相应的有关劳动安全、水土保持、土地复垦和环境保护工作，或者缴清土地复垦和环境保护的有关费用。

采矿权人停办矿山的申请，须经原批准开办矿山的主管部门批准、原颁发采矿许可证的机关验收合格后，方可办理有关证、照注销手续。

关于矿山闭坑的审批程序，《矿产资源法实施细则》规定，矿山企业关闭矿山，应当按照下列程序办理审批手续：

（1）开采活动结束的前一年，向原批准开办矿山的主管部门提出关闭矿山申请，并提交闭坑地质报告。

（2）闭坑地质报告经原批准开办矿山的主管部门审核同意后，报地质矿产主管部门会同矿产储量审批机构批准。

（3）闭坑地质报告批准后，采矿权人应当编写关闭矿山报告，报请原批准开办矿山的主管部门会同同级地质矿产主管部门和有关主管部门按照有关行业规定批准。

同时，《矿产资源法实施细则》要求矿山企业在关闭矿山报告批准后，应当完成下列工作：

（1）按照国家有关规定将地质、测量、采矿资料整理归档，并汇交闭坑地质报告、关闭矿山报告及其他有关资料。

（2）按照批准的关闭矿山报告，完成有关劳动安全、水土保持、土地复垦和环境保护工作，或者缴清土地复垦和环境保护的有关费用。

矿山企业凭关闭矿山报告批准文件和有关部门对完成上述工作提供的证明，报请原颁发采矿许可证的机关办理采矿许可证注销手续。

这些法规明确了闭坑申报程序、闭坑条件、闭坑地质报告等，涉及矿山概况，矿山地质，设计、开采及资源利用，探采对比，水文地质、工程地质和环境地质，闭坑原因，矿产储量的结算及剩余储量处理等，还就矿山闭坑地质报告的送审、审核、审查、审批、表彰奖励及行政处分等给出了具体要求及程序。这些相关闭坑规章制度的主要着眼点是矿产资源管理及矿山地质信息。

2002 年发布的全国地质矿产行业推荐标准《固体矿产勘查/矿山闭坑地质报告编写规范》（DZ/T 0033—2002D 代替 DZ/T 0033—1992，以下简称为《闭坑标准》），以规范性附录方式给出了《固体矿产矿山闭坑地质报告编写提纲》。与原有的闭坑规章制度相比，《闭坑标准》不仅考虑了矿山闭坑地质报告用于资源/储量管理的目的，而且明确了矿山闭坑地质报告在废矿坑利用、环境及地质灾害治理等方面的意义。

2010 年，国土资源部发布了《关于贯彻落实全国矿产资源规划、发展绿色矿业、建设绿色矿山工作的指导意见》，开展了建设绿色矿山的评选活动，提出了环境保护、土地复垦、社区和谐等方面的要求，但未直接涉及相关闭坑的机制。

2011 年，国务院颁布了《土地复垦条例》，取代了 1988 年颁布《土地复垦规定》，该条例中涉及了建立有效的监管制约机制、资金保障机制、严格的责任追究机制和激励措施等相关内容，并鼓励地方政府、社会各方积极参与，实现土地复垦全社会参与。国土资源部发布实施的《土地复垦条例实施办法》，进一步解释了《土地复垦条例》的内容，包括土地复垦的基本原则，复垦方案与采矿许可挂钩，复垦费用的预存、支取以及复垦工作验收程序和内容等相关问题。要求对生产建设活动和自然灾害损毁的土地，采取整治措施，使其达到可供利用状态。《土地复垦条例》及《土地复垦条例实施办法》主要面向末端治理，对于贯穿于矿山全生命周期过程的闭坑管理机制没有涉及。

1.2 其他相关法规

除了矿产资源主管部门之外，我国涉及矿产资源开发利用及闭坑相关环境和安全问题的法律、规章、标准等还先后涉及《矿山安全法》、《环境保护法》、《土地管理法》、《矿山地质环境保护规定》、《水土保持法》、《矿产资源规划编制实施办法》、《固体废物污染环境防治法》等。

譬如，1992 年颁布的《矿山安全法》对矿山建设、开采、运营的安全保障以及矿山安全监管、事故处理、法律责任等做出了规定，包括“矿山建设工程的安全设施必须和主体工程同时设计、同时施工、同时投入生产和使用”等内容。1998 年施行的《环境保护法》突出了环境影响评价在包括矿山开发等自然资源利用项目审批中的作用，明确了得利企业承担相应环保责任和污染事故赔偿责任，提供了矿山企业在闭坑工作中需要承担的环保责任的法律依据。其中值得关注的有“建设项目中防治污染的措施，必须与主体工程同时设计、同时施工、同时投产使用，防治污染的设施必须经原审批环境影响报告书的环境保护行政主管部门验收合格后，该建设项目方可投入生产或者使用”等体现“三同时原则”的内容。但这些法律未就对应的采后及闭坑处置做出考虑。

2004 年颁布的《土地管理法》明确了矿山企业对于矿区土地复垦应承担的责任和闭坑完成之后国有土地使用权的处置。其中相关条款规定：

（1）因挖损、塌陷、压占等造成土地破坏，用地单位和个人应当按照国家有关规定负责复垦；没有条件复垦或者复垦不符合要求的，应当缴纳土地复垦费，专项用于土地复垦。复垦的土地应当优先用于农业。

（2）经核准报废的矿场等，由有关人民政府土地行政主管部门报经原批准用地的人民政府或者有批准权的人民政府批准，可以收回国有土地使用权。

2009 年由国土资源部发布施行的《矿山地质环境保护规定》旨在解决我国矿业快速发展背后所累积的大量地质环境问题，明确要求：

（1）采矿权申请人申请办理采矿许可证时，应当编制矿山地质环境保护与治理恢复方案，报有批准权的国土资源行政主管部门批准。矿山地质环境保护与治理恢复方案应当包括下列内容：

1）矿山基本情况；

2）矿山地质环境现状；

3）矿山开采可能造成地质环境影响的分析评估（含地质灾害危险性评估）；

4）矿山地质环境保护与治理恢复措施；

5）矿山地质环境监测方案；

6）矿山地质环境保护与治理恢复工程经费概算；

7）缴存矿山地质环境保护与治理恢复保证金承诺书。

（2）采矿权申请人未编制矿山地质环境保护与治理恢复方案，或者编制的矿山地质环境保护与治理恢复方案不符合要求的，有批准权的国土资源行政主管部门应当告知申请人补正；逾期不补正的，不予受理其采矿权申请。

这些要求初步体现了矿山闭坑最佳实践中涉及的提早规划闭坑和生命周期管理的趋势。

2010 年修订的《水土保持法》要求任何工程都需要注意植被保护，对于破坏裸露的土地要及时修补，在申请采矿许可时就需要提交水土保持方案，要求水土保持“三同时”。此外，该法还明确了对潜在地质风险区域需进行维护和公示。其中特别规定：

（1）开办矿山企业、电力企业和其他大中型工业企业，排弃的剥离表土、矸石、尾矿、废渣等必须堆放在规定的专门存放地，不得向江河、湖泊、水库和专门存放地以外的沟渠倾倒；因采矿和建设使植被受到破坏的，必须采取措施恢复表土层和植被，防止水土流失。

（2）在山区、丘陵区、风沙区修建铁路、公路、水工程，开办矿山企业、电力企业和其他大中型工业企业，在建设项目环境影响报告书中，必须有水行政主管部门同意的水土保持方案。

但是，这些规定在现有闭坑规制中并未明确体现。

此外，2012 年国土资源部在《矿产资源规划编制实施办法》指出：

（1）矿产资源总体规划应当包括“矿山地质环境保护与治理恢复、矿区土地复垦的总体安排”。

（2）各级国土资源主管部门应当严格按照矿产资源规划审查本级财政出资安排的地质勘查、矿产资源开发利用和保护、矿山地质环境保护与治理恢复、矿区土地复垦等项目。

2013 年修订的《固体废物污染环境防治法》提出了对包括矿山尾矿废石和其他固体废弃物在内的工业固体废弃物的处置原则，规定：

（1）矿山企业应当采取科学的开采方法和选矿工艺，减少尾矿、矸石、废石等矿业固体废物的产生量和贮存量。

（2）尾矿、矸石、废石等矿业固体废物贮存设施停止使用后，矿山企业应当按照国家有关环境保护规定进行封场，防止造成环境污染和生态破坏。

近年发布的《稀土工业污染物排放标准》（GB 26451—2011）、《矿山生态环境保护与恢复治理方案（规划）编制规范（试行）》（HJ 652—2013）、《矿山生态环境保护与恢复治理技术规范（试行）》（HJ 651—2013）、《规划环境影响评价技术导则煤炭工业矿区总体规划》（HJ 463—2009）、《清洁生产标准镍选矿行业》（HJ/T 358—2007）、《清洁生产标准铁矿采选业》（HJ/T 294—2006）、《铀矿地质辐射防护和环境保护规定》（GB 15848—1995）、《铀矿冶设施退役环境管理技术规定》（GB 14586—1993）、《铀、钍矿冶放射性废物安全管理技术规定》（GB 14585—1993）等相关标准，都不同程度上涉及了对矿山开发利用及闭坑后的环境、健康、安全等方面的管理要求，为进一步拓展现有主要针对矿产资源/储量及矿山地质的闭坑内涵、改善矿山闭坑管理机制提出了新的要求。

1.3 地方管理现状

随着我国政府行政审批制度改革、调整、取消和下放，国务院有关主管部门

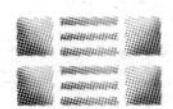

在逐步减少审批，越来越多地由地方政府部门根据当地实际情况，制订和实施相关矿山闭坑管理的机制及办法。

随着国家《矿产资源法》的实施，一些地区从有效保护、合理开发和综合利用矿产资源，实现矿业可持续发展的角度，结合本地实际发布了相应的《矿产资源管理条例》，大多规定了将采矿权获得同矿山地质环境保护与修复挂钩，对不依法闭坑或闭坑不力的采矿权人实行处罚。再如，基于1988年的《土地复垦规定》和2011年的《土地复垦条例》，一些地区，从促进土地复垦工作、保护土地资源、合理利用土地、改善生态环境的角度，结合本地实际发布了相应的《土地复垦办法》或《土地复垦实施办法》，大多涉及土地复垦要求、保证金收取、鼓励或约束措施等机制。

1.3.1 辽宁省

《辽宁省矿产资源管理条例》要求，采矿权人在办理采矿登记时，应提交环境保护和治理、土地复垦方案等计划。实行矿山环境治理和恢复保证金制度，对于依法闭坑的企业，在闭坑工作验收合格后返还保证金；对于不依法闭坑/不闭坑的企业，予以经济处罚；因企业闭坑不力造成的损失、事故，追究法律责任。

辽宁省自1989年12月起施行《辽宁省土地复垦实施办法》，规定土地复垦费用，由破坏土地的单位和个人承担，土地管理部门组织复垦废弃土地，可以利用政府建立的农业发展基金，向银行贷款，或者采取集资方式筹集复垦费用。对复垦后的土地实行有偿划拨。

该省自2007年5月施行《辽宁省矿山环境恢复治理保证金管理暂行办法》，规定保证金的交存总额应该等于单位面积交存标准×影响面积×有效年数×影响系数。同时，根据采矿许可证有效期长度的不同，保证金交存可以分为一次性交存和分期交存。该办法还规定了采矿权人应对治理成果进行为期两年的后期管护，明确了对闭坑效果进行监测维护的重要性。对于保证金返还，只有两年后有关行政部门二次验收合格，才将剩余的15%保证金及利息全额返还采矿权人，否则，这部分资金将用于继续治理。

1.3.2 河北省

《河北省矿产资源管理条例》要求，矿山企业及个体采矿者在闭坑前应当编制闭坑报告，对资源利用和保护情况进行说明，并提交地质矿产主管部门审核，由矿产储量审批机构和其他有关主管部门批准后方可注销采矿许可证。该条例还规定，在采矿许可证注销之前，采矿权人不得拆除损毁主要生产设备、设施，同时需做好环境保护、土地复垦、劳动安全等工作。

该省自1993年2月发布并施行《河北省土地复垦实施办法》，按每亩500元至1000元的标准收取土地复垦押金，对于不进行复垦的责任单位按每亩每年200元至1000元人民币的标准处以罚款，不予受理新用地申请。

该省于2007年1月起实施《河北省矿山生态环境恢复治理保证金管理暂行办法》，针对不同的采矿许可证期限做了保证金缴纳规定：采矿许可证有效期3年以下（含3年）的，采矿权人应当一次性全额缴纳保证金。采矿许可证有效期3年以上的，采矿权人可以分期缴纳保证金。首次缴纳保证金数额不得低于应缴总额的30%，余额可每2年缴纳一次，每次缴纳数额不得低于余额的50%，但在采矿许可证有效期满前一年应当全部缴清。对于保证金返还明确规定：一次性治理验收的，一次性返还；分期治理验收的，及时将已缴纳保证金的相应部分（不超过50%）返还采矿权人，剩余部分抵缴下期应交保证金数额。

1.3.3　浙江省

《浙江省矿产资源管理条例》要求，在编制矿产资源规划时，需将矿山生态环境保护规划等列入专项规划。采矿权申请人在办理采矿登记前，应完成水土保持方案、环境影响评价报告等工作，并在领取采矿许可证后按时分期缴纳自然生态环境治理备用金。对于依法闭坑的企业，在闭坑工作验收合格后返还备用金及利息；对于不依法闭坑/不闭坑的企业，所缴纳的备用金及利息根据治理需要全部或部分转为治理费用，由政府部门负责专项使用。

该省自1993年6月起施行《浙江省土地复垦办法》，按最高3元/m^2收取复垦保证金，对于拒不复垦的处以每平方米0.30元至1.50元的罚款。

该省于2001年和2012年分别发布了《关于矿山自然生态环境治理备用金收取管理办法的通知》和《关于进一步落实矿山自然生态环境治理备用金收取管理办法的通知》，规定矿权人原则上应一次性缴纳治理备用金，确有困难的，可以分期缴纳，但首期缴纳的治理备用金不能低于应缴纳总额的30%。根据矿区面积、开采方式以及对矿山自然生态环境影响程度等因素确定备用金收取金额并遵循不低于治理费用的原则，具体计算以矿山地质环境保护与治理恢复方案中明确的经费概算为主要依据。治理备用金在采矿权许可证有效期内一般不予返还，分期治理确需返还的，首次返还额度不超过已缴纳总额的30%。

1.3.4　山西省

《山西省矿产资源管理条例》明确提出，矿产资源勘查、开采必须与环境保护、土地复垦等工作统一设计，同步实施。要求在矿山建设的同时，施行环境保护、土地复垦等措施，是采矿权申请人取得采矿权的必要前提之一。在矿山建成后，有关部门需要按照采矿权人提交的设计、开发方案，对这些措施实施情况进行验收，合格后方才准许矿山投产。对造成地质环境破坏而不采取治理措施的矿

山企业或个人，责令赔偿损失，并予以经济处罚，情节严重者可吊销采矿许可证。

该省自1995年8月起施行《山西省土地复垦办法》，规定矿山根据土地破坏的面积、程度以及复垦的标准缴纳土地复垦费。

该省于2007年10月起施行《山西省矿山环境恢复治理保证金提取使用管理办法（试行）》，提出了企业所有、专款专用、专户储存、政府监管的保证金提取和管理使用原则，保证金提取标准为每吨原煤产量10元，按月提取。矿山环境恢复治理保证金实行属地管理，由地税部门监督缴入同级财政专户储存，省属国有重点煤炭企业经省财政部门同意并报经省人民政府批准可以自设账户储存。

目前，我国各省、直辖市、自治区矿区环境恢复治理保证金（或土地保证金）征收标准及测算方法见表1－1。

表1－1 矿区环境恢复治理保证金（或土地保证金）征收标准及测算方法

标准依据	年缴存额计算方法	代表地区
矿种	由缴纳标准、面积（或规模）和影响系数综合确定	山东、云南、贵州、黑龙江、安徽、甘肃、广东、新疆、广西、陕西
采矿许可证面积	由缴纳标准、面积和影响系数综合确定	湖南、湖北、浙江、江苏、内蒙古、四川、河北、福建、辽宁、上海
矿区面积和开采方式	由缴纳标准、矿区面积和影响系数综合确定	天津、江西、青海、宁夏、西藏
矿种和开采规模	按销售收入一定比例	重庆
矿产品的单位产量	产量	山西（煤）、河南（煤）
企业环境治理规划	依据矿山企业所提交的治理方案确定	吉林、海南

1.4 国内闭坑管理问题

通过前述分析可以看出，我国矿山闭坑内涵、规制及管理最早源于地矿或国土资源部门的矿产资源/储量及地质管理。随着经济社会发展水平的不断提高，近年来与闭坑相关的矿区环境恢复治理问题日益得到重视，目前实践主要在于采后治理，尚未与矿产资源开发利用项目的生命周期有效结合，事前规划及源头预防差距较大。具体问题主要有：

（1）现有闭坑规制主要面向矿产资源的有效保护、防止矿产资源损失浪费，而对矿山闭坑与矿区经济社会发展的影响关系考虑有限，难以适应新型经济社会发展方式的需要。

（2）直接涉及矿山闭坑问题的机制或规范甚少，相关规制多集中于采后储量及地质报告、土地复垦和环境治理保证金收取等，而对于采后土地利用与矿业项目生命周期的关系、保证金使用及返还、利益相关方参与等方面的实践规范缺乏。

(3) 矿山企业及产业在矿业项目开发过程中，考虑短期经济回报多，对矿产资源开发导致的矿区经济社会负面影响及生态环境风险等长期问题重视不够、事前规划及预防机制缺乏。

(4) 公众对矿业开发生态环境负面影响及风险预控参与不力，矿山企业及产业对公众关切响应不够、机制乏善，企业“采完就走”，忽视社会成本，造成矿山废弃、遗弃，导致矿区环境、安全、健康问题严峻，矿产价格扭曲、不利于经济社会可持续发展。

目前，我国“五位一体”建设布局及经济社会发展方式转型，使得我国矿产资源开发实践面临可持续发展的巨大挑战，迫切要求矿山企业及产业借鉴国外经济社会发达国家或地区矿山闭坑的最佳实践与经验，采用与经济社会发展需要相适应的新型矿产资源开发模式，包括贯穿于矿山全生命周期的闭坑规划及实施机制，促进矿山闭坑管理从传统的资源/储量主导型向现代的矿山生命周期护理型转变。

2 国外闭坑最佳实践

2.1 国际组织动态

矿山闭坑作为全球可持续发展及企业社会责任领域的一个重要问题，在国际上受到了广泛关注与重视，吸引一些国际组织展开了相关的能力建设活动。

2000 年，世界银行和日本金属矿产厅举办了专门研讨会，并出版了成果报告《闭坑与可持续发展》，从经济社会角度指出，有计划且合理的闭坑能够有效缓解闭坑给居民和经济带来的负面影响。

2002 年，世界银行与国际金融公司发布了“采矿与发展”系列报告之一——《停产并未结束：全球闭坑综述》，概述了矿山闭坑的复杂性与长期性、主动管理的必要性、全球闭坑数量逐渐增多的迫切性、成本负担、法律与财政框架、闭坑规划、发展中国家展望与责任等问题。同年，国际环境与发展研究所和世界可持续发展工商理事会联合发布了专题研究报告《矿山闭坑政策研究》，广泛地调研了世界典型国家在闭坑方面的法律及制度框架，涉及景观、水质、生态资源、土地利用、健康与福利、社会与人为变化、经济发展、土地移交准则等问题，重点论述了矿山闭坑财经保障体系、政府能力和公众参与等内容。

2005 年，联合国环境规划署（UNEP）、联合国开发计划署（UNDP）、欧洲安全与合作组织和北大西洋公约组织合作发起了“环境安全”项目，研究发表了《为闭坑而采矿——可持续采矿与闭坑的政策、实践及指南》，其中包括矿业开发及矿山废弃面临的问题与挑战，闭坑工作与程序、政府与企业作用，闭坑原则、未来措施与步骤等主要内容，为采矿活动的综合评估及风险消减提供了指导原则与实践指南。

2006 年，欧盟颁布了《矿山废弃物处置法令》，要求提前对采矿后废弃物的处置制订闭坑计划，并相继发布了相关指南，旨在指导成员国对废弃矿山制订适宜的闭坑复垦计划，强调闭坑行为不仅考虑经济因素，而是更重视闭坑不力对社会经济带来的风险。

从 2006 年起，“国际矿山闭坑大会”系列逐年举行，吸引了全球诸多国家政府、企业和公民社会等相关利益方的代表参加。2013 年的第 8 次会议，有来自 26 个国家的 180 名代表，讨论了社区和社会关切问题、闭坑立法、生态修复及后续护理、闭坑计划、闭坑工作面临的挑战和新思路等议题。2014 年的第 9 次会议，在南非约翰内斯堡举行，议题涉及闭坑社会经济、政策、规制与财经，闭坑计划、建模与监测手段，闭坑设计与建设，复垦，社会生态，以及闭坑与气候变化等前瞻议题。

2.2 相关法律及规制

澳大利亚、加拿大、南非、美国等国家以矿产资源丰富、开发强度较大、综合利用水平较高而著称，且除南非外，其余三国在矿业相关法律制度、行政规制、经济社会等实践上，形成了诸多相似与通行的做法，并有逐步为世界上其他国家、地区认同、借鉴的趋势。

2.2.1 澳大利亚

澳大利亚联邦立有《原住民土地权法》、《采矿法》、《煤炭征购法》、《石油（下沉陆地）法》、《核能（材料控制）法》、《海上矿产法》、《海上石油法》、《海上石油（权利金）法》、《环境保护法》、《环境和生物多样性保护法》等相关权属性、制度性法律，联邦政府的主要作用是协调、沟通及提供相关公共服务，而矿业活动的管理及规制多以州（地）政府为主。

就矿山闭坑而言，联邦工业、旅游与资源部通过矿业可持续发展最佳实践项目，组织政府、企业和公民社会共同参与制订并于 2006 年发布了《矿山闭坑与完成》手册。

在主要矿产地区西澳州，该州政府矿山石油部和环境保护局于 2011 年发布了《矿山闭坑规划指南》，旨在为编制符合西澳州政府法规的矿山闭坑计划提供全面详实的指导，基于“闭坑计划应该成为矿山整体规划的组成部分”和“在矿山开发可行性研究阶段开始制订闭坑计划”等基本原则，论述了制订闭坑计划的原则和闭坑计划的内容，包括矿山开采的闭坑规划、利益方参与、财经保证、标准及指南规范等运行机制，考虑了闭坑目标、及早计划、整体规划、因地制宜、辨识风险、多方协商、土地利用、可操作性、监测维护、评价标准等基本要素。

2.2.2 加拿大

加拿大在法规制度、发展水平及矿产资源开发利用对国民经济的作用等方面与澳大利亚比较相似，联邦立有《公共土地授权法》、《环境保护法》、《环境评估法》、《渔业法》、《核能管制法》等相关制度性法律。在此基础上，有关省（地）自主规制，实施主动管理，建立矿山开采的闭坑及复垦规划、社区及利益方参与、财经保障、标准及指南规范等机制。

加拿大省际部长理事会通过“加拿大全国废弃矿山倡议”（National Orphaned/Abandoned Mines Initiative, NOAMI），于2011年发布了《加拿大矿山闭坑及长期责任管理政策框架指南》（The Policy Framework in Canada for Mine Closure and Management of Long-term Liabilities: A Guidance Document），旨在为加拿大矿山闭坑及其长期责任管理的政策框架提出指导性建议，推动矿山执法，满足不同利益方（经营方、原住民、政府和NGO等）的需求，持续减少废弃矿山的数量及带来的影响，该指南还论述了加拿大矿山闭坑现状及问题，给出了包括闭坑目标、闭坑计划、资金保证、闭坑后维护监测、责任交接、主管部门责任、多方协商机制等内容的政策框架及操作建议。

2.2.3 纳米比亚

纳米比亚作为不发达国家，矿产资源开发利用在经济社会发展中发挥着重要作用，对矿山闭坑也有相关规制。譬如，《矿法》[Minerals (Prospecting & Mining) Act, 1992] 涉及了闭坑相关内容，包括闭坑申请程序和注意事项、闭坑规定内容、闭坑中对环境保护和污染防治的规定、未闭坑的惩罚措施等；《水法》(Water Act, 1956)，要求对水资源进行长远保护；《大气污染防治法》(Atmospheric Pollution Prerention Act, 1965)，规定矿山负责人必须在闭坑前提交粉尘防治和管理计划，负责安全健康的官员将会检查矿山是否根据计划做好充分的防尘准备。

纳米比亚从20世纪90年代起，制订了一些涉及矿山闭坑的国家性政策。譬如，《纳米比亚矿业政策》(Minerals Policy of Namibia, 2002) 为该国矿业发展提供原则性指导和直接管理，适用于大、中、小型矿山及海洋采矿，涉及闭坑计划的制订、土地使用协商、解决环境问题的融资机制和矿山企业的社会责任。再如，《纳米比亚促进可持续发展和环境保护环评政策》(Namibia's Environmental Assessment Policy for Sustainable Development and Environmental Conservation, 1994)，规定了矿山经营者必须签订具有约束力的贯穿矿山生命周期的协议，保证经营者的环保工作得到各利益方认可并通过环境评价。又如，《纳米比亚矿业领域综合环境评价指南》[General Environmental Assessment Guidelines for Mining (Onshore and Offshore) Sector of Namibia, 2000]，为矿山开发者提供环评支持。

2.2.4 南非

在南非，中央和地方政府在矿业领域担负着矿山遗留问题的责任承担者和矿业调整及改革引领者的关键性角色，也承担着依据宪法监测和保护环境、为公众安全与健康负责以及推动矿业贡献于经济社会可持续发展的全局性角色。

其他利益方，包括探矿权人和采矿权人、矿山管理者、矿山员工、矿山股东、受影响的社区（包括土地所有人、当地管理部门、商业/服务业提供者、社会团体和NGO等)，须承担由矿产法（Minerals Act）相关条款和其他一些适用法律规定的责任。

南非当前的闭坑情况主要有：通过获得闭坑许可的正常闭坑、暂时性闭坑、有条件闭坑、矿山局部闭坑、政策性闭坑等。存在的问题包括：矿山被废弃、遗弃情况严重；不负责的公司将其环境、社会责任推脱给其他公司；无法查找矿山的所有人。

南非依据多部法律实施对矿山开采、排废、闭坑和采后管理进行规制涉及：《宪法》（Constitution, 1996)，明确提出“每个人都有在健康、安全的环境中生活的权利”；《国家环境管理法》（National Environmental Management Act, 1998)，提出的基本原则是“谁污染，谁治理”；《矿产法》（Minerals Act, 1991)，规定尽早开始闭坑规划，尽早确定闭坑后土地的利用目标，以便采用合适的采矿方法和修复方法；《矿山健康与安全法》（Mine Health and Safety Act, 1996)；其他相关法律，譬如，《国家水法》（National Water Act, 1998)，对矿区水系进行了规定，包括污染防治、水的再利用、水的净化和水的排放；《大气污染防治法》（Atmospheric Pollution Prevention Act, 1965)，对粉尘等污染物的排放标准提出了要求；《核能法》（Nuclear Energy Act, 1999)，对放射性矿山的开采和采后处置提出了要求；《矿产与石油资源开发法》（Minerals and Petroleum Resources Development Act, 2002)，对资源勘查与开采采用了全生命周期的处理途径，系统地考虑了经济、社会与环境成本，以期实现矿产资源的可持续供给及利用。

这些法律中的规定还包括：综合环境治理和补救责任；闭坑目标的制订、闭坑后土地利用和成本估计；国家、省、地方共同参与对闭坑进行决策；整治环境损害的财政拨款支持；基于矿山生命周期的尾矿、废石处置和管理；闭坑后失业和宜居问题处理办法；环境风险报告；遗留设施处理方式等。

2.2.5 美国

美国有1965年《固体废弃物存放法》、1969年《国家环境政策法》、1976年《资源保护与回收法》、1977年《露天采矿管理与复垦法》和《矿山安全与健康法》、1980年《综合环境响应、赔偿和责任法》、1984年《联邦有害与固体废弃物修正法》、2006年《矿山改善与新应急响应法》等联邦法律，构成了有关矿山开采、排废、闭坑与采后处置的规划、财经保证及复垦等管理实践依据。

2.3 行业能力建设

国外经济社会发达国家及地区的矿业相关行业组织在促进行业及企业的矿山闭坑能力建设方面，发挥着重要的指导和支撑作用。

譬如，澳新矿产能源理事会（Australian and New Zealand Minerals and Energy Council，ANZMEC）与澳大利亚矿产理事会（Minerals Council of Australia，MCA）于2000年联合提出了《矿山闭坑战略框架》（Strategic Framework for Mine Closure），涵盖了利益方参与、闭坑计划制订、财经保障、工程实施、完成标准和责任交接等内容，成为矿山闭坑最佳实践的典范，得到了广泛的认同与采用。

再如，国际矿业与金属理事会（International Council on Metals and Mining，ICMM）包括力拓（Rio Tinto）、必和必拓（BHP Billiton）、英美资源集团（Anglo American）、淡水河谷（Vale）等全球顶级采矿与金属企业，自2006年起共同制订并实施了《集成矿山闭坑规划指南》（Planning for Integrated Mine Closure：Toolkit），在全球矿业可持续发展及社会责任等方面产生了重大的积极影响，主要内容包括闭坑利益方的确定、框架性和实施性闭坑计划框架、退役和闭坑后规划、面临的问题与挑战、闭坑工具及手段等。

还如，纳米比亚面对200余座废弃矿山给社会、环境、公民健康带来的危害，由纳米比亚矿业商会（Chamber of Mines of Namibia）于2010年5月组织完成了《纳米比亚矿山闭坑框架》（Namibia Mine Closure Framework），论述了包括现有政策法规、利益方参与、闭坑计划、财经保障、闭坑实施和闭坑后责任交接等问题，为大中型矿山最低闭坑标准提供了指导。

2.4 企业最佳实践

芬兰欧托昆普集团通过2003~2005年开展的TEKES资助项目“采掘业中的环境技术”研究，于2008年制订了《闭坑手册》（Mine Closure Handbook），目的在于向矿山经营者、管理部门和行业顾问提供关于矿山闭坑计划与实施的指导，内容包括闭坑目标及标准，相关闭坑的法律、赔偿、土地利用、地质特征、适用技术等，基于生命周期的矿山闭坑计划，环境和风险评估，闭坑策略，闭坑施工，闭坑效果监测和财经保障等，形成了企业矿山闭坑机制的最佳实践。

2.5 小结

概括而言，国外经济社会发达或矿业发达国家、地区或机构对矿山闭坑与经济社会的关系问题高度重视，基本形成了矿山闭坑最佳实践及规范，包括基于法规和多利益方参与的闭坑目标、闭坑原则、闭坑计划、闭坑内容、闭坑实施等关键要素，如图 2－1 所示。

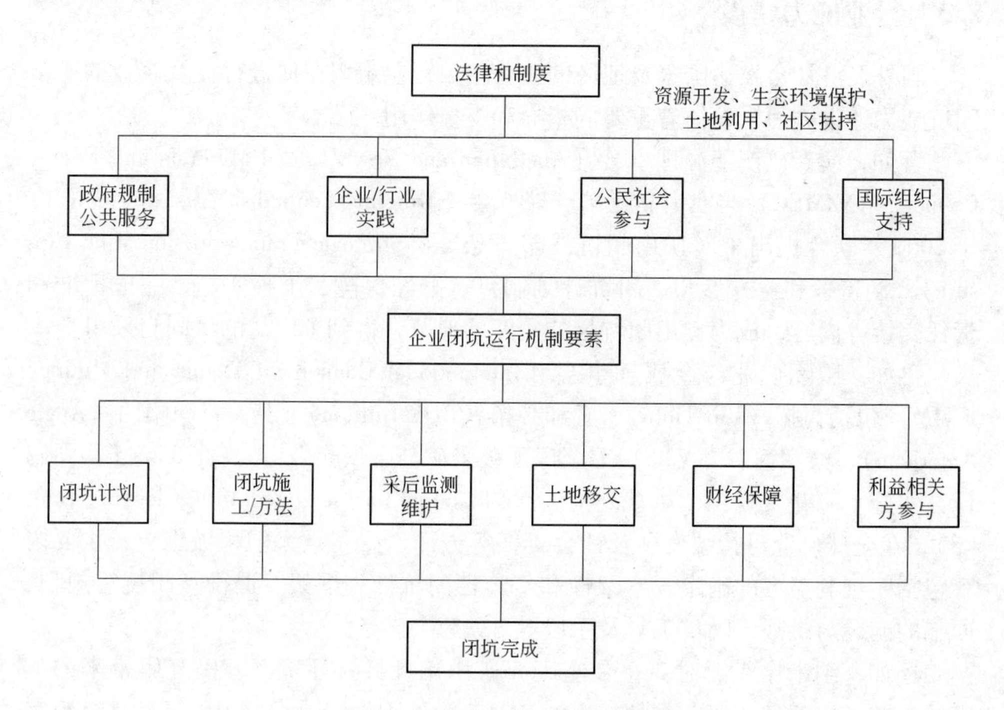

图 2－1 国外矿山闭坑机制特征

3 基于矿山生命周期的闭坑运行机制总体设计

3.1 基于矿山生命周期的闭坑概念

矿产资源开发利用项目或矿业项目的生命周期（矿山生命周期），是指包括矿产勘查（预查、普查与详查）及预可行性研究、矿床勘探及可行性研究、规划设计及详细可行性研究、基本建设、采选生产、采后复垦及重建等主要矿产资源开发利用环节的矿业开发项目全过程。

显然，在矿山生命周期的不同阶段或环节，矿产开发利用决策、活动、影响和管理行为也有所差异。基于矿山生命周期的闭坑管理机制是指项目主体或矿山企业从可持续发展及包容发展的角度出发，从矿产勘查及预可行性研究环节、起码从矿床勘探及可行性研究环节起，就应该考虑各个环节和阶段的开发利用活动可能给社区的生态、环境、健康与安全等带来的影响及风险，并随着矿山生命周期的推进及变化，持续细化应对方案并逐步付诸实施。通过及早规划，明确采后土地利用及交接目标，可以更好地应对矿山生态环境、地质灾害、社区影响等问题，避免突发事件、消除或减轻企业生产经营和社区持续发展的风险。

从矿业权或土地使用权归属及管理的角度看，狭义的矿山闭坑是指矿山生命周期的采后复垦及重建环节完成并伴有矿业权或土地使用权期限的终结及交接；从矿产资源开发利用项目及其与社区的关系看，广义的矿山闭坑是指贯穿于整个矿山生命周期过程中、与狭义闭坑目标完成及交接有关的一切活动。所以，国外有文献将广义的矿山闭坑称之为“为闭坑而采矿”（Mining for Closure）。

广义的矿山闭坑作为矿产资源开发利用决策与活动的重要过程，其最佳实践能够有效地减轻矿产及国土资源浪费、地质扰动及灾害、地形地貌及自然景观损害、生态环境退化、人居安全健康损失、社区发展波动等负面影响及风险，对企业信誉与社区可持续发展具有深远意义。

3.2 闭坑目标与原则

矿山闭坑目标为编制闭坑计划和开展闭坑施工等活动指明方向，也是检验与评价矿山闭坑效果的基本依据。一般而言，矿山闭坑整体目标可以包括：

（1）保障矿山社区及公众安全和健康。

（2）保护生态环境和其他自然资源不受损害。

（3）利于采后土地可持续利用。

（4）对矿山社区的负面影响最小化、正面溢出最大化，贡献于社区经济社会可持续发展。

根据国外矿山闭坑最佳实践与共识，从社区可持续发展的角度出发，矿山闭坑决策及活动应遵循下列原则：

（1）符合相关法律法规、标准、规范的要求，采后土地利用目标明确与可持续。

（2）闭坑计划作为矿山总体规划设计的一部分，贯穿于整个矿山生命周期。

（3）闭坑计划须经监管部门和当地社区等利益相关方协商，在矿业项目生命周期过程中，实现生产安全、环境保护、水土保持等“三同时”。

（4）明确考虑并辨识经济、社会、安全健康、生态环境等影响因素。

（5）闭坑规划因地制宜、与时俱进，随着矿山生命周期发展及变化，适时调整以适应新情况。

3.3 闭坑内容

矿山闭坑内容是指为了达成闭坑目标而采取的决策及活动，主体是相关闭坑的工程计划及实施，辅以财经机制和利益相关方咨询机制等保障措施。

从矿山闭坑时间进展看，闭坑内容可以划分为：

（1）基础准备。包括矿区原始数据采集、计划编制、费用估算和资金筹措方案。

（2）工程实施。包括残留地表建筑、设施的处置（拆除、改扩建）、重建、土地复垦/修复、残留污染治理等主体工程。

（3）监测维护。包括监管部门对水、大气、土壤等生态环境质量和用地情况的监测以及矿山企业对矿区监测设施的维护管理和对社区扶持活动及社会责任的履行。

（4）矿地移交。包括闭坑申请、闭坑工作记录和其他文档材料的准备，接受监管部门等主要利益相关方的验收，确定责任交接内容范围及交接对象等。

从矿山闭坑涉及范畴看，闭坑内容可以划分为：

（1）技术工程。包括矿山工程设施、设备的处置、新建和退役。

（2）生态环境。包括矿区生态环境的重建，土地、水系的修复和土地利用。

（3）经济社会。包括矿区的经济发展、就业帮助、居民健康、安全防护。

（4）资源保障。包括计划编制、资金筹集、法律政策支持和其他资源保障。

3.4 基于矿山生命周期的闭坑计划

矿山闭坑内容应贯穿于矿山生命全周期过程环节，包括可行性研究及规划设

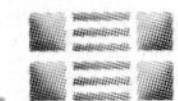

计、基本建设、采选生产、停产退役、责任交接等环节；与此相对应，伴随有闭坑工程实施，如基线数据采集、计划准备、工程实施、监测维护、责任移交等主要决策及活动，同时，辅以财经保障和利益相关方参与等相关措施。

概括而言，对应于基建、生产和停产退役三个主要阶段，相关闭坑工程及措施如图 3－1 所示。

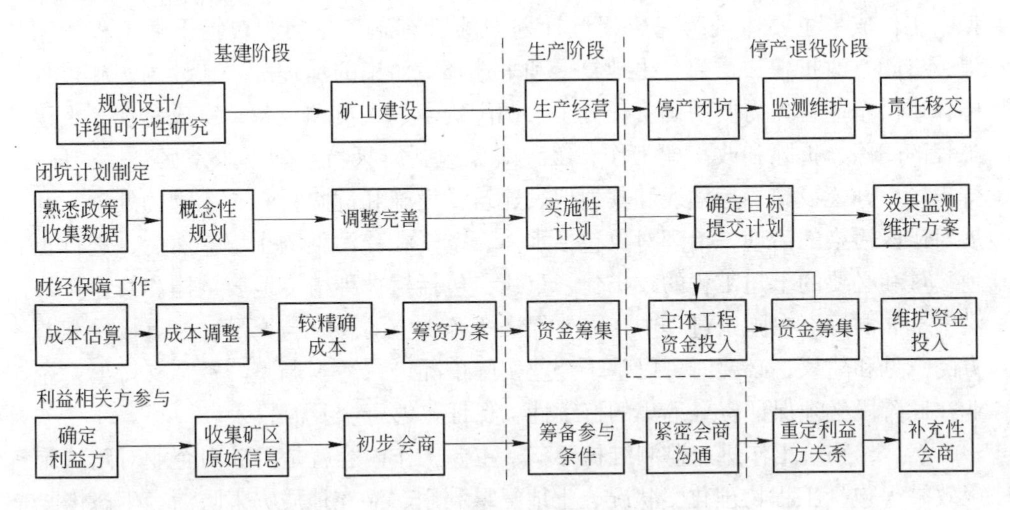

图 3－1 闭坑内容与矿山生命周期的关系

3.4.1 基建阶段

在基建阶段，从详细可行性研究时期开始，矿山企业就需要开展闭坑计划准备，这是一项长期的基础性工作。矿山企业可以通过实地勘查，掌握矿区基点数据，进行闭坑计划的初步编制。随着矿山建设的开始，闭坑利益方的参与，企业需要结合当前实际，初步估算闭坑成本，并细化最初闭坑计划中的目标和其他必要内容，并将包含闭坑计划的矿山开发整体方案向政府监管部门提交审核。

3.4.2 投产阶段

在投产阶段，随着矿山开发和生产条件以及经济政策环境的变化和利益方参与程度的加深，矿山企业需要持续调整和改进闭坑计划以使内容逐渐趋于具体和可操作化，确保尽量切合矿山实际和利益方需求。按照一定财务标准对闭坑成本进行较为精确的估算是闭坑计划调整的重点之一。此外，根据闭坑计划，企业应当逐步通过合理的手段，进行资金、技术、设备的准备和人员职责分工（尤其是资金的筹集准备），至正式停产前 1 年或 2 年，矿山应该形成最终的闭坑实施计划并提交政府监管部门，作为政府监管企业闭坑进程和评估闭坑效果的重要依据。直至停产时，可看作闭坑计划准备工作完成。

3.4.3 停产退役阶段

在停产退役阶段，矿山企业需要先后完成闭坑计划实施、监测维护和土地移交等三项主要内容。

首先，闭坑计划实施发生在矿山停产退役时直至完成主体闭坑工程的这一时期，工作成果主要体现为完成闭坑计划中的所有施工项目，包括土建工程的闭停、拆除、改扩建、重建、土地复垦和采选环境污染的治理等。在计划实施过程中，矿山企业首先需要明确责任分工，调配资金、人员和设备，完成对现有土建工程的闭停、拆除和改扩建工作，工程对象包括露天坑、地下采空区、尾矿库、排土场、办公设施、运输线和其他地表建筑或设施和危险材料、废物的处置，开展对矿区污染的治理，治理对象包括水体、空气和受污染的土壤。然后，进行土地复垦和必要的土建工程的改扩建、重建，包括植被种植、地表重构和修建排水沟渠、涵洞等。在施工过程中，需要保证资源供应的及时与充足，注重接受利益方的意见和建议，必要时可以基于企业实际情况进行适当调整。资金支持上，企业在此阶段必须保证资金筹集的持续性，保证足够资金及时投入。

然后，闭坑工作进入监测维护环节，主要工作内容就是由矿山企业对闭坑施工效果（包括工程物理化学状况、土地复垦利用、潜在地质灾害防治、生态恢复等）、环境稳定性和社区发展（经济发展、居民就业、居民安全健康等）的监测与维护，确保在监测维护期满时，向管理部门提交的闭坑计划中设立的闭坑目标得以圆满实现。在此项工作的监测部分，企业首先需要明确监测对象，设置监测指标、方法和参考标准，由政府相关部门负责监督；维护部分的工作重点在于日常设施维护、植被养护、安全巡查、社区扶持和突发事故应对等，维护资金仍由企业自身负责筹集和使用。监测维护环节一般应该持续5年以上。

最后，在监测维护期满且闭坑目标达成后，闭坑工作进入责任移交环节。此时，企业可依法提请解除矿区护理和社区扶持责任，直至政府监管部门依照一定程序明确新的责任对象，实现责任的确认和交接。在此环节，政府监管部门与其他关键利益方联合，负责验收矿山企业整个闭坑工作的成果，验收通过后负责协助企业寻找移交对象，公布移交信息，留存移交记录。企业的主要工作是提出申请、提交所需材料、接受验收，寻找移交对象，确定交接责任，公告所有的利益方，完成整个土地移交程序。整个移交过程中所发生的费用一般由企业承担。移交完成即宣告该矿山企业的闭坑工作彻底完成，不必再对矿区后续问题或状况承担任何责任。

3.5 闭坑规划、计划及调整

与其他工程建设项目不同，矿产资源开发利用项目自身是一个伴随着生命周期环节发展及演化而使得相关信息不断完备的过程。因此，矿山闭坑计划也是一个不断深入、调整和细化的过程。根据国外经验，可以把闭坑计划按照两个阶段来处理，首先是“概念性闭坑规划”，然后是“实施性闭坑计划”。

概念性闭坑规划对应于矿业项目初期阶段，其内容需要体现前瞻性，对最为关切的重要问题诸如矿床开拓方式、采后土地利用目标、资金保障、相关方沟通等进行早期研究与规划；实施性闭坑计划对应于矿业项目中后期，其内容基于更为确定的工程地质、工艺技术等条件，需要体现可实施性，包括矿山项目背景、基点数据及状况、闭坑核心内容及实施方案等，并伴随时间的推移及新情况而进行适时调整。

3.5.1 概念性闭坑规划

概念性闭坑规划涉及的主要问题有：闭坑目标、风险评估、监测和评估、闭坑成本、计划更新。

3.5.1.1 闭坑目标

概念性规划中的闭坑目标需要通过与利益方协商形成，能够符合企业和社区的长远利益。此时的规划目标简明扼要，用于为后续闭坑工作提供方向和原则。

3.5.1.2 风险评估和管理

矿山闭坑概念性规划中，需要考虑人员健康与安全风险、自然环境风险、社会风险、商誉风险、法律风险、财经风险等6类风险的评估与管理。应该通过风险评估，辨识闭坑风险的潜在因素，并在后续相关工作中对这些风险因素采取预控措施。

3.5.1.3 监测与评估

概念性规划中应确定监测方案，涉及生态环境监测和经济社会监测。监测与评估内容主要有：基点条件；因生态环境和经济社会发展（在无采矿活动条件下）可能发生的量变；受采矿活动影响而发生的量变；给出评估目标进展情况的方法和验证目标实现的标准。

3.5.1.4 闭坑成本

概念性规划中，需要根据闭坑主要开支内容对闭坑成本进行估算，使得闭坑成本处于企业的有效监控之下，减轻后期财经压力。涉及的主要闭坑支出可能有：基建设施的拆除、改造、生态恢复等工程费用；环境监测、现场管理等监测维护费用；裁员补偿、提供新就业机会、再培训等人员费用；退出及为终止支持社区所做的补偿等费用。

3.5.1.5 计划调整

概念性闭坑规划需要及早制订，但会随着一些因素的发展而改变，需要不断地对其做出适时调整、更新。变化因素包括国家法律政策、企业技术能力、企业经营状况、利益方需求、经济形势等。

3.5.2 实施性闭坑计划

实施性闭坑计划较之概念性规划增添、调整了部分项目，又将概念性规划中的内容通过细化更系统地表达出来，所以主要包括矿山项目概括、闭坑责任分工、矿区原始数据收集处理、利益相关方咨询、闭坑目标、土地利用规划、闭坑措施重点关切内容、财经保障、闭坑施工方案、施工后监测与维护方案等10项内容。

3.5.2.1 矿山项目概况

简要介绍矿山历史背景、现有生产情况和未来经营规划等。重点提供的信息有：矿山土地所有权、采矿权、联系地址等；矿山地理位置、交通条件、矿体范围；采掘扰动范围、矿权边界和未来采矿影响区域；地区气候条件、生态环境情况（包括动植物群落情况）、矿区地质和水文地质情况；矿区内各功能区（办公区、停车场、仓库、道路等）规划情况。

3.5.2.2 闭坑责任分工

合理安排闭坑前、中、后期工作，明确责任到具体部门和具体负责人。

3.5.2.3 矿区原始数据收集处理

主要内容是收集和处理矿区原始数据，建立当地可接受的闭坑目标，设立后期闭坑监测工作的基础标准。

3.5.2.4 利益相关方咨询

面对当前经济社会发展目标与方式转型，矿山企业应当高度重视现有土地使用权人和当地社区居民等公众相关方的利益与民意。所以利益相关方参与闭坑进程是实现社区人文关怀最有效的方式之一。实施性计划中需要明确的相关内容主要是界定闭坑利益相关方、明确各方权利义务和具体的参与形式和日程。

3.5.2.5 闭坑目标

相较于概念性规划，实施性计划中的闭坑目标进一步被细化。一般从物理稳定性、化学稳定性、生物稳定性、地理和气候影响、土地利用和景观美学、自然资源状况、财经负担、经济社会问题等角度进行阐述和要求。

3.5.2.6 土地利用规划

采矿活动最直接的负面影响就是造成了矿山及周边土地不同程度的破坏，使功能性土地（耕地、林地、草地、居住用地等）不能发挥效用，所以闭坑问题实质是土地修复、土地使用权转换、土地二次开发的问题。因此土地利用是闭坑计划中的重点内容之一，一般由矿山企业负责编制利用方案，在获得政府监管部

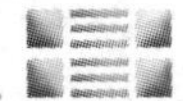

门批准和其他利益相关方认同后实施。

3.5.2.7 闭坑重点关切内容

矿山闭坑工作中涉及的事项繁多，其中一些问题会对闭坑进度和完成质量产生关键影响，是闭坑工作中应该特别关注和管理的对象，称之为重点关切内容。它们一般包括：有害物质的产生、暴露和迁移；危险设施设备的状态；受污染场地的范围和危害程度；酸性矿坑水/含金属废水的产生、迁移；非目标金属/目标金属的残留；矿区湖泊、水区的管理；对地表水/地下水造成的不利影响；地表水管理/排水结构的设计维护；烟尘排放、噪声污染；生物多样性、整体环境景观、矿区内遗产古迹的保护。

需要说明的是，采矿方法不同，需要关切的内容也不尽相同；矿山资源种类不同，所关切对象也会不同。如放射性矿山应当特别关注放射性物质及其危害，金矿应当特别关注含氰化物溶液的运输、储存、使用和回收。

3.5.2.8 财经保障

实施性计划中的财经保障工作主要涉及成本估算和资金筹集。

成本估算是指对闭坑所需开支按照一定财务标准进行预先估计，所以这项工作启动较早，国外一般在预可行性研究阶段就着手实施。成本估算的一项重要原则就是：越临近矿山停产，矿山企业对闭坑成本的估算就应当越具体、全面。作为整个财经保障工作的基础，闭坑成本的估算结果影响着后续资金筹集的人员安排和渠道选择。因此成本估算需要考虑到矿山闭坑和治理修复的所有活动，涵盖生态环境保护、污染治理、人文关怀和地区社会经济扶持等方面。同时，成本估算也要考虑相关因素的动态性，及时调整，不断适应新情况。

资金筹集是紧跟成本估算展开的，目前国际上一般可有两种筹资途径。一种是以储备金制度、保证金制度和政府拨款等方式为主的规制途径，另一种是以发行闭坑债券、实施金融担保、设立闭坑基金等方式为主的市场途径。

3.5.2.9 闭坑实施方案

闭坑实施方案要求内容明确具体，对闭坑施工操作的指导具有科学性、可行性和经济性。主要内容包括（但不限于）：闭坑工作范畴界定（包括区域面积，工程对象等）；日程安排、责任分工；具体施工方法和验收标准；所需设备、材料及管理措施；数据收集、施工过程的监管等。

3.5.2.10 闭坑后监测与维护

闭坑后监测与维护是检验闭坑效果的必要手段和采后保证矿区安全与稳定的重要保障。只有在监测维护期满后仍然达到闭坑计划目标的矿山才能被认为是闭坑效果满足要求。

矿山企业在计划中需要明确监测维护工作的思路、原则，拟订工作方案。

3.5.3　计划检查与调整

概念性闭坑规划最迟应在可行性研究阶段制订，在矿山开发方案设计、获得基线信息和预期影响等信息时修正。随着矿山生产技术、储量水平、经济形势等因素的发展变化，还需要对闭坑操作计划进行定期检查、评估和修订，以使概念性闭坑规划更具实时性、相关性和实施性，并最终形成实施性闭坑计划，用于指导闭坑内容的实施。

4 矿山闭坑内容的实施

作为矿山闭坑内容实施的指南与依据，实施性闭坑计划的具体内容及实施过程包括：

(1) 责任分工；

(2) 目标与评价标准确定；

(3) 利益相关方咨询；

(4) 采后土地利用方案落实；

(5) 闭坑基础工作实施；

(6) 闭坑申请；

(7) 闭坑主体施工；

(8) 监测维护；

(9) 财经保障；

(10) 责任移交。

4.1 责任分工

首先由矿山企业合理安排闭坑工作和闭坑后修复/复垦工作的分工和工期，明确责任到具体部门和具体负责人。闭坑责任类型和对应负责人员安排示例见表4－1。

表4－1 矿山闭坑责任分工表（示例）

责任项目	具 体 内 容	责任人（建议）
统筹管理	全面负责矿山闭坑工作，指派下列闭坑单项具体工作责任人，承担总体管理职责	矿长
前期准备工作管理	负责矿区原始数据收集、除资金外的闭坑需求资源保障和初期闭坑规划的编制和调整	副矿长
中期闭坑施工管理	负责审查监督施工项目的进展，保证工程质量并负责施工事故应对	副矿长
后期效果监测维护	负责闭坑后矿区的闭坑成果监测维护，地质灾害防范，日常安全巡视和应急事故处理及上报	副矿长
资金保障工作	负责贯穿于整个矿山生命周期的闭坑成本估算、核查调整，闭坑资金筹集和使用，直至矿区土地移交完成	副矿长（兼） 矿山财务科科长
利益相关方参与的组织和管理	负责随着闭坑准备工作展开便持续进行的利益相关方确认、会商安排和信息反馈等工作，直至矿区土地移交完成	副矿长（兼） 矿山安环科科长

4.2　目标和评价标准

合理的闭坑目标和评价标准能够为政府管理部门评价和企业自评提供方向和依据，也能够为矿山闭坑计划实施指明正确方向。计划实施前设定的闭坑目标包括物理稳定性、化学稳定性、生物稳定性、地理和气候影响、土地利用和景观美学、自然资源状况、财经负担、经济社会问题等主要方面，见表4－2。

表4－2　闭坑目标及要求

关注目标	闭　坑　要　求
物理稳定性	留存的人造工程结构能够保持物理稳定，在持续受到侵蚀、冲击时仍能保证安全，不存在任何长期针对公共健康的风险；能够一直发挥设计功能
化学稳定性	留存的人造工程能够保持化学稳定状态，即在后续任何时期都不存在对公共健康和环境的风险（如有害化学物质渗透、泄漏、挥发）
生物稳定性	地区（矿区）生态环境恢复成具有典型地域特色的自然、平衡的生态系统；或者形成促进生物多样性自然恢复且保持稳定的环境状态
地理和气候影响	在当地的（极端）气候或者地理因素影响下，闭坑效果仍然符合验收要求
土地利用和景观美学	采后土地最终利用方案最优；土地恢复和进一步利用方案合理且具有经济性；尽量恢复当地生物多样性；采后土地利用的生产力和经济性遵循可持续发展原则
自然资源状况	保持矿区自然资源的规模和质量
财经负担	保证合理且充足的闭坑资金随时可拨付；不会过度增加企业财经负担，避免企业发生财经危机
经济社会问题	消极的社会影响最小化（失业、经济发展不力、安全健康隐患）；合理考虑当地社区的要求

闭坑的评价标准主要是用于检验闭坑成果，衡量闭坑计划/报告内容的完成质量。闭坑标准的制订和改进要符合矿山项目的发展现状，满足利益方相关可接受的最低环境、安全要求。

4.3　利益相关方咨询

面向经济社会发展目标与方式转型，需要高度重视现有土地使用权人和当地社区居民等公众相关方的利益与民意。利益相关方咨询的工作贯穿了整个矿山生命周期（除勘探阶段外），开展的工作内容先后有利益相关方识别、确定参与意义和原则、明确利益相关方的作用和责任以及对协商过程进行安排组织。

4.3.1　利益相关方识别

利益相关方是指对矿山闭坑过程或者结果产生潜在影响或者受到潜在影响的

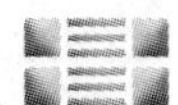

团体或者个体。据此定义，闭坑利益相关方主要包括政府管理部门、投资者、矿山企业（包括管理层、员工）、社区居民、金融机构、供应商、媒体、NGO 等。

根据国外实践经验，又可以将利益相关方分为内部利益方和外部利益方。

内部利益相关方主要包括投资者、矿山企业的管理层、雇员等。内部利益方是矿山闭坑的决策者和实施者，主导着闭坑进程和结果。

外部利益相关方主要包括政府管理部门、社区居民、供应商、媒体和 NGO 等。外部利益方在矿山闭坑中扮演的角色主要是参与决策过程、监督闭坑进度和效果。政府监管部门是外部利益方的关键，能够主动影响闭坑进程与结果，而社区居民等利益相关方则被动受到闭坑影响。

此外，有必要提取在整个参与活动中作用发挥最显著的关键利益相关方。他们是给予闭坑影响最大或者受闭坑影响最大的利益相关方。在我国，矿山周边社区居民受采矿、闭坑活动影响最大，政府管理部门通过行政手段对矿山闭坑工作起主要监督指导作用，而矿山企业（一般也是闭坑责任人）主要负责完成矿山闭坑相关内容，所以上述三者应当被视为关键利益相关方。

4.3.2 利益相关方参与的意义

利益相关方尤其是外部利益方参与闭坑决策会对矿山企业的闭坑工作带来束缚和压力，但实际上保证利益相关方的充分参与能够体现出矿山的企业社会责任感，展现企业以对社会和环境负责的方式在运营业务，进而有助于企业树立良好的社会形象、获取社会运营许可证。利益相关方参与意义可以体现在：

（1）促使矿山企业改进闭坑计划。利益方的需求迫使企业不断地改进原有闭坑计划以符合生命周期阶段状况，保证闭坑计划的合理性和优化度。

（2）促进矿山企业与政府的合作。充分的交流与沟通能够消除政府与企业之间的隔阂，优化矿山企业的闭坑及其他业务的政策空间。

（3）优化矿山企业闭坑决策。多利益方参与能够保证企业闭坑决策的全面性与客观性，能够避免决策盲区和失误，使得决策更加合理、有效。

（4）强化对矿山企业监管。利益方参与使矿山企业的决策、活动置于监督之下，确保闭坑工作的公开、透明，进一步保证闭坑进度与效果。

（5）提高社区对企业未来矿产开发活动的接受程度。良好的企业形象将会为矿山企业闭坑的后续工作和未来矿产开发业务奠定稳固的社会基础，更容易得到社区居民的理解和接受，赢得投资者的信赖，降低未来矿产开发的社会风险。

4.3.3 利益相关方参与原则

利益相关方参与原则主要包括：

（1）重要性。识别及界定利益相关方事关重要。

（2）包容性。包容所有利益相关方，并将利益相关方贯穿于矿山生命周期。

（3）策略性。明确沟通策略、满足利益相关方需要。

（4）有效性。配置资源、确保利益相关方参与有效。

（5）社区性。矿山企业与当地社区合作，管理潜在的影响因素。

4.3.4 利益相关方作用和责任

不同的利益相关方在闭坑进程中的社会责任需求往往不尽相同，矿山企业需要综合考虑，通过利益相关方协商，最大限度地实现利益相关方之间共识与妥协，保证闭坑工作顺利推进。

从便于研究和方便操作的角度，暂时只讨论关键利益相关方的作用与责任。

（1）企业。作为有效闭坑、达成利益相关方需求的主体，需要选用可靠、有资历并能在协商中表达企业诉求的代表；创造协商条件；及时、公开、坦诚地组织利益方参与闭坑协商，并如实传达闭坑后的预期情况和企业能力；为劳动力提供多技能培训和就业机会。

（2）政府。依法监管矿山企业经营活动，建立标准；依法规制闭坑程序，保证闭坑结果的透明；站在闭坑后社会、经济和环境的角度协调所有利益方；监控并公布企业的闭坑活动进展；确定闭坑中和闭坑后的社会、经济与环境可接受风险程度；给社区提供基本服务和合适的参与途径。

（3）社区。推选可靠、能够为社区利益着想并在谈判中表达社区诉求的代表；参与影响社区生活和未来发展的闭坑决策；随着矿山生命周期的推进，尽力降低对采矿业的依赖程度；从闭坑后可持续发展的角度，监督闭坑工作。

4.3.5 利益相关方协商安排

利益相关方参与活动应该是伴随着矿山的生命周期推进而持续进行的，在矿山生命周期的不同阶段，利益相关方协商的内容也随之不同，如图 4－1 所示。

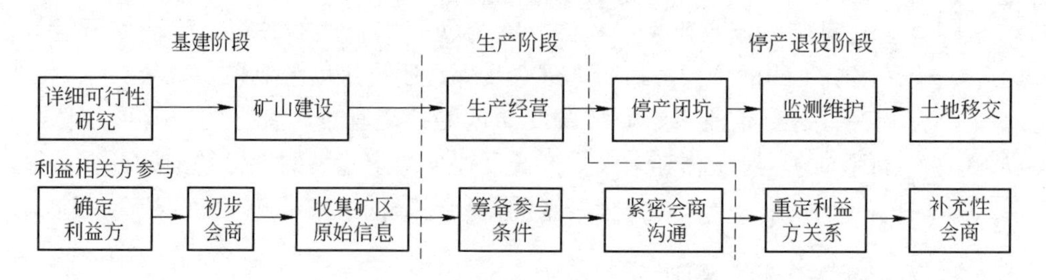

图 4－1 利益相关方协商进程安排

（1）基建阶段。在详细可行性研究阶段，矿山企业需要完成的工作是确定利益相关方，并进行初步会商，由企业向其他利益相关方通报矿山意向性开发计划。经过可行性研究进入全面施工建设时期后，利益相关方可以先对矿区开发前的环境情况，矿山及周边地质情况等进行实地勘测，掌握原始现场资料，为后期确定闭坑效果达标做好准备。

（2）生产阶段。矿山处于生产经营时期，也是利益相关方参与的主要时期。此时应由矿山企业留存完整的生产经营记录，并在政府部门监督的情况下，根据自身生产情况和其他利益相关方诉求安排参与活动的形式、时间、地点和内容，企业负责解答其他利益相关方对停产后闭坑效果或企业闭坑能力的质疑。另外，矿山企业还需根据其他利益相关方的实际需求紧密安排会商日程，以保证利益相关方之间尽快达成一致意见。

（3）停产退役阶段。矿山逐渐停产并最终退役，随后进入闭坑工程规划实施阶段。此时需根据上一阶段被利益相关方普遍接受的闭坑规划的执行情况和利益相关方的变动情况来重新确定他们之间的关系。此外，在客观环境、或者利益相关方的需求发生变化后，矿山企业组织需要其他利益相关方开展补充性会商，就前期欠缺考虑或者不符合目前情况的内容进行商讨并达成一致意见。

4.4　土地利用

土地利用是闭坑计划的重要目标与重点内容之一，也是计划实施时需要关注的重点。一般由矿山企业负责编制利用方案，在获得政府监管部门批准和利益相关方认同后实施。

闭坑后土地利用的原则包括：与矿区及周边环境协调一致；利用程度在土地本身的功能性范围之内；获得主要利益相关方认同；利于本地生态环境的可持续发展。

闭坑后土地利用的方式有：尽可能恢复到原本生态及环境状态；恢复到采前的土地利用状态；采用比采前利用方式更有效益的方案；采用与采前利用方式不同但效益等价的方案。

需要注意的是，矿山企业无论采用何种土地利用方式，都需要保证土地的可持续利用。

4.5　闭坑基础工作

闭坑工作贯穿于整个矿山生命周期，但主体内容（主体施工、监测维护等）都发生在矿山停产退役之后，之前企业可以通过开展一些基础工作为后续闭坑主体内容的实施做好准备。一般性的基础工作包括基点数据采集、相关材料的表征与堆存选址、对人员的相关教育与培训、矿区及周边人员安全健康的保障以及闭坑所需的资金准备。

4.5.1 矿区原始数据采集

环境、社会等相关矿区原始数据的采集分析是闭坑决策、闭坑标准制订的基础。从可行性研究阶段开始就应该进行环境数据的收集，并且贯穿于后续工程环节中，通过不断扩展数据库，反映包含自然界时空变化的信息。

涉及的数据主要包括：气候；地理条件（地质、水文、地震情况等）；自然环境信息（动植物、群落、栖息地等）；水源/水系情况（水文、水质、水量、位置等）；土质和废弃材料（土壤结构、可溶性、侵蚀度、有害物质的生物利用度等）；现有建筑、土建工程等；采后修复材料（如废石、低渗透黏土等）的可利用性；采后修复材料的堆存管理信息；闭坑后长期环境影响的预测分析结果；有关矿山的闭坑经验；复垦草种、树种和其他资源信息。这些数据能够量化表征因施工生产造成的环境损害；社会数据应该能够体现相应社区的发展情况和其他利益方的参与程度。

将采集到的矿区原始数据进行处理分析，可以量化评估矿山开发对周边环境和社区造成的影响。

4.5.2 材料表征和堆存选址

矿山闭坑治理恢复计划的关键内容有两点：

(1) 通过对土壤、表土（覆盖层）、采矿和选矿废弃物特性的综合表征分析，来判断评估其对植被栽种的供养能力和对水质的潜在不利影响。

(2) 对土壤、表土（覆盖层）、采矿和选矿废弃物的隔离和堆存选址，要确保能够为采后区域植被的生长提供有利土质（媒介），并实现对水质的保护。

土壤和表土层的特性表征工作应该在勘探阶段启动，并贯穿于可行性研究时期，为矿山闭坑计划奠定基础。表征工作在运营阶段仍需继续进行，对于因市场条件变化而导致矿石品位和开采计划调整的情况尤其如此。

对废弃物等材料进行辨识与分类也有助于确定隔离和选址的条件，便于废弃物转移和堆放，实现植被的可持续覆盖和污染防治。

一旦出现废弃物（主要是尾矿/尾砂）影响到植被生长或者污染水质的情况，就需要改动设计或者实施办法，降低废弃物（尾矿/尾矿）的毒性。

4.5.3 教育及培训

教育及培训主要是针对矿山开发承包商和相关人员，目的是使其清楚地知晓关于废弃物和土壤处理方案的设计要求和堆存区域的选址要求。在教育培训方案中，需要明确解释矿山闭坑的长远目标、这些材料（土、废弃物）被隔离的原

因以及对环境和闭坑工作所带来的潜在长期影响。

通过教育及培训，矿山开发承包商和相关人员应明白材料的管理应该有明确的责任分工，对有较大事故风险的材料能够实现追踪监测，还应该实现对材料处理方案的定期检查和调整。

4.5.4 健康和安全

采矿选矿过程会产生有毒有害气体、液体和粉尘，与之直接接触会危害员工和当地社区居民的健康安全；有毒物质还会通过影响环境和水质而间接地影响人员健康安全。所以需要对健康安全危害进行量化，并基于矿山生命周期进行控制管理。

为确保健康安全，矿山企业需要完善闭坑利益相关方参与机制，就社区及员工的健康安全问题进行咨询、沟通与有效决策。

4.5.5 资金准备

闭坑资金的筹集需要在矿山开发计划阶段做好准备，同时，还需要制订公众可接受的矿区环境恢复审查标准。

闭坑成本的估算应当按照一定的会计准则和方法进行，实现标准化。比如，澳大利亚要求辖内公司财务工作需要遵守澳大利亚会计准则第 137 号。据此规定，矿山闭坑和复垦费用在资产负债表中归属于负债，根据提交报告的日期计算闭坑成本。而在美国证券交易所上市的矿业公司，需要遵守的会计准则是美国财务会计准则第 143 号：资产退费负债。

闭坑财务计划能够使得矿山闭坑支出更透明、更健康，相关资金政策的有效实施能够减少公众对于矿山开发活动的批评。

视闭坑成本或复垦开支的精算情况，可以适当拓展早期规划的闭坑资金筹集方式及方法。在澳大利亚，一些金融工具已经开始使用，融资方式的变化体现出了政府在行业、环保立法及监管方面的成熟。过去，政府采用担保人、证券、保证金、银行担保等混合方式进行融资，一些地方还使用保险债券（长期的安全性得到保障的情况下）。

4.6 闭坑申请

为了保护矿产资源，实现政府部门对采后资源储量的有效管理，按照《固体矿产勘查/矿山闭坑地质报告编写规范》（DZ/T 0033—2002D）的要求，在“矿井、采区范围内探明的可采储量即将回采完毕，或者虽然尚未采完，但由于开采技术条件的原因，剩余矿石在技术上或经济上已不能回采，需要闭坑时，应编写闭坑地质报告，矿山停办时也应编写闭坑地质报告”。闭坑地质报告编写提纲见表 4－3。

表4－3 闭坑地质报告主要结构及内容

报告结构	具体内容
概况	（1）矿山交通位置、自然地理概况、所处区域构造位置简述； （2）矿山地质勘查简述：历次地质勘查、生产勘探工作的时间、勘查单位、主要工作量、储量估算方法、获得的资源/储量类别和数量、勘查报告评审认定情况； （3）矿山开采简述：矿山设计时间、设计单位、生产规模、服务年限、生产管理、总采出矿量； （4）闭坑（停办）原因
矿山地质简述	（1）简述矿体地质特征：矿体分布、空间位置、规模、形态、产状等； （2）简述矿石质量特征：矿石结构构造、矿物成分、化学成分、有用/有益/有害组分含量、矿石类型、品位。划分氧化带及原生带的，应分带叙述。对于以力学性能为主要评价指标的矿产，应论述其力学性能方面的内容； （3）简述矿床开采技术条件：评述矿床主要充水因素、矿坑排水的主要来源、历年排水变化情况、主要灾害性水害发生原因及其对矿床开采的影响；采区岩体的物理力学性质及其稳定性，主要工程地质问题产生的部位、原因及其对矿床开采的影响；地震、地温、放射性及其他有毒有害物质的情况及其对矿床开采的影响； （4）简述矿石选冶技术条件； （5）矿山地质测量工作及其质量评述：生产勘探的方法、网度、生产探矿工程和采矿工程的地质编录、取样、测量、储量估算等工作及其质量； （6）矿山生产过程中累计探明新增（或减少）资源/储量及其品位情况
矿山开采和资源利用	（1）资源储量、开采方式、开拓系统、采矿方法、选矿流程、历年采掘工作量、历年采出矿量、采矿回收率、选矿回收率等的述评； （2）损失矿量（包括正常和非正常损失）、损失率、贫化率，批准非正常损失矿量的机构、批准理由等情况的述评； （3）工业指标实际运用情况及合理性评述； （4）资源/储量注销概况。剩余资源/储量及剩余原因的述评； （5）对共生、伴生矿产的综合开采、利用情况及矿石加工工艺的评述； （6）通过矿山生产地质工作对地质情况的新认识、新发现，分析影响矿山开采的主要地质问题
探采对比	（1）探采对比：对比矿体形态变化、厚度变化、顶板及底板位移、品位变化、资源/储量对比（对比条件、绝对误差和相对误差）、构造变化以及开采技术条件变化； （2）对勘查方法、手段、勘查工程间距、勘探类型及其确定的合理性的评述； （3）对资源/储量估算方法的评述
环境影响评估	（1）地下水疏干范围、水位及其恢复程度等情况的评述； （2）采区地质环境变化，包括：采空区矿层顶板冒裂带高度、地面开裂、沉降、山体滑坡、坍塌等变形破坏范围及程度、露天采场及其边坡崩落范围等情况的评述； （3）水体污染及其自净情况的评述； （4）废弃物堆放情况与处理
结语	（1）简要评述矿山生产的经济、社会、资源效益； （2）分析矿山闭坑资源/储量的核销结论及能否作为闭坑的依据； （3）剩余资源/储量的处理建议、废矿坑利用建议、环境及地质灾害治理建议

续表4-3

<table>
<tr><th>报告结构</th><th colspan="2">具 体 内 容</th></tr>
<tr><td rowspan="3">附 录</td><td>附图</td><td>(1) 矿山交通位置图;
(2) 矿区地质图 (含地层柱状图、剖面图及矿体分布);
(3) 矿山总平面布置图;
(4) 中段平面布置图;
(5) 资源/储量估算图 (平面、剖面、投影图);
(6) 探采矿体对比图;
(7) 矿山闭坑范围及其周边环境地质图;
(8) 其他图件</td></tr>
<tr><td>附表</td><td>(1) 资源/储量总表 (包括历次地质勘查、生产勘探的资源/储量增减);
(2) 历年采出矿量、损失 (包括正常和非正常损失) 矿量、采矿回收率、损失率、贫化率统计表;
(3) 探采矿体形态误差对比表;
(4) 探采矿体顶板、底板位移误差对比表;
(5) 探采矿体品位误差对比表;
(6) 矿体地质勘查资源/储量与采准 (或备采) 矿量对比及其误差表;
(7) 历年矿山排水量基本情况表;
(8) 矿山主要水害、工程及环境地质危害的基本情况统计表</td></tr>
<tr><td>附件</td><td>(1) 采矿许可证 (可复印);
(2) 矿山投资人或企业管理层对该报告的审核意见; (3) 矿产资源储量主管部门对报告的评审认定文件 (本文件在报告评审认定之后补入)</td></tr>
</table>

除了储量管理以外，为了强化政府对矿山闭坑工作在土地利用、财经保障、利益相关方参与等方面的管理，还需要由矿山企业向政府部门一并提交内容更全面的闭坑申请，待申请通过后方可开展具体施工工程。闭坑申请时需要企业说明矿山基本信息，提交最终闭坑计划和必要附件。闭坑申请报告内容提纲见表4-4。

表4-4　闭坑申请报告主要结构及内容

报告结构	具 体 内 容
申请信息	(1) 矿山名称; (2) 所属企业; (3) 矿山所处行政区域; (4) 矿长; (5) 闭坑第一责任人; (6) 闭坑县级以上主管部门; (7) 闭坑原因; (8) 闭坑区域及面积; (9) 申请时间; (10) 计划闭坑起止时间; (11) 闭坑资金估算

续表 4 - 4

报告结构		具 体 内 容
闭坑计划	项目概况	（1）矿山交通位置、自然地理概况、所处区域构造位置； （2）矿山地质勘查简述：历次地质勘查、生产勘探工作的时间、勘查单位、主要工作量、资源/储量估算方法、获得的资源/储量类别和数量、勘查报告评审认定情况； （3）矿山地质简述：矿体地质特征、矿石质量特征、矿石质量特征、矿山地质测量工作及其质量评述、矿山生产过程中累计探明新增（或减少）资源/储量及其品位情况、探采对比（矿体形态变化、厚度变化、顶板及底板位移、品位变化、资源/储量对比、构造变化的对比以及开采技术条件变化的对比）； （4）矿山开采简述：设计时间、单位、生产规模、服务年限、生产管理、对共生/伴生矿产的综合开采和利用情况及矿石加工工艺的评述
	责任分工	（1）统筹管理； （2）前期准备工作； （3）中期闭坑施工管理； （4）后期监测维护工作； （5）财经保障工作； （6）利益相关方会商安排管理
	目标与评价标准	（1）明确对社区公众健康和安全方面的保障，具体说明允许因矿山开发遗留问题引发出现的健康安全事故次数和影响程度； （2）实现对矿区生态环境的恢复，具体说明对矿区水系、地区空气、矿区土地和动植物的恢复或保护目标，期望达到的量化水平，说明污染治理目标； （3）实现对矿区土地的可持续利用，包括土地复垦和后续开发利用总体规划、方向和预期达成的环境、社会经济目标； （4）具体阐述闭坑对社会经济领域的最大化正面影响目标和最小化负面影响控制目标，主要包括期望的社区经济发展、就业情况和居民生活水平达成目标
	利益相关方咨询	（1）闭坑利益相关方的判定及判定依据； （2）关键利益相关方的判定及依据； （3）企业在利益相关方咨询方面的责任内容； （4）基于矿山生命周期，企业对于利益相关方（尤其是关键利益相关方）影响闭坑工作的会商安排和利益相关方所拥有的权益； （5）利益相关方已完成的会商内容和成果以及后续会商预期成果
	采后土地利用	（1）矿山开发前矿区土地原始状态描述：土壤土质、地质结构、地形地貌等； （2）矿山开发对土地已经造成的影响：尾矿库、废石堆和其他废物（尤其是危险废物）占用土地情况评述，开采活动对地形地貌、土壤土质、地质结构和植被等环境因素的破坏评估； （3）明确矿山开发之前、矿山让渡之前和矿山让渡之后的土地所有权归属，国有土地矿山让渡之后所有权归属地方政府； （4）根据矿山开发对土地的影响情况，结合闭坑目标计划来制订土地的生态恢复措施。措施必须能使土地恢复到开发前的原始状态或等价水平； （5）闭坑后土地的开发利用由此时的土地所有权人基于土地恢复情况单独规划实施

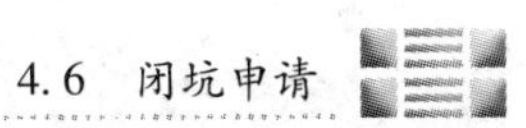

续表 4－4

<table>
<tr><th>报告结构</th><th colspan="2">具 体 内 容</th></tr>
<tr><td rowspan="4">闭坑计划</td><td>闭坑基础工作</td><td>（1）矿区基点数据的采集：综合评述对矿山开发前原始数据的采集工作和收获成果；
（2）所有材料的表征和堆存：综合评述所有材料的表征结果和堆存情况，分析潜在风险因素，说明现有的对材料堆存的管理措施和事故应对办法；
（3）教育培训：简要说明企业对员工和工程承包商开展的关于闭坑理念、安全环保意识教育和闭坑管理培训完成情况；
（4）健康和安全：简要说明企业在闭坑的健康安全方面对员工和社区居民开展的教育、宣传、事故应对和例行身体检查等工作的完成情况；
（5）资金筹集：简要说明闭坑成本的包含内容，对闭坑成本的估算和调整结果，并介绍基于成本和企业经济实力的闭坑资金筹集方式和效果。明确说明已完成的资金筹集数额和来源比例</td></tr>
<tr><td>闭坑施工</td><td>（1）所有工程项目简介，项目应主要包括人为工程的处置和矿区环境治理，简介内容涉及工程对象基本情况，各项目施工特点或难点，预期耗费资金和工期；
（2）各项目具体实施方案（包括技术方法，施工程序，质量验收，所需设备材料、负责人员和其他资源）和预期施工效果</td></tr>
<tr><td>监测维护</td><td>（1）对尾矿坝、排水沟等保留的功能性工程设施的监测维护方案，主要监测工程安全隐患和日常运转情况，并提供针对隐患和正常运转要求将采取的防范维护措施；
（2）对露天坑、采空区等废弃场所的安全监测维护方案，主要监测排（积）水情况和滑坡、塌陷等地质灾害出现的可能性，并提供针对可能出现的灾害将采取的防范性措施；
（3）对其他可能引起突发环境污染事故或安全事故的影响因素监测方案和应对方案；
（4）对已完成的生态环境恢复成果的监测维护方案，主要监测维护土地复垦的后续效果；
（5）针对社区经济发展、居民生活水平和居民安全健康的监测维护方案，主要跟踪监测 GDP、人均收入水平和失业率等体现经济发展和生活水平的经济指标，并提供使上述经济指标不受闭坑影响的维护方案，要求方案具体明确，具有可操作性，此外还应提供在指标出现异常的情况下采取的应对方案。对居民安全健康的监测维护方案应以日常例行体检和宣传教育为主；
（6）对水体质量、空气质量、土壤环境质量、生物多样性等由政府主管部门采用专业方法的监测方案，政府相关主管部门已经制订出了专业的方法，此处不再赘述，但企业在监测数据异常时仍需在政府主管部门指导下提供应对方案</td></tr>
<tr><td>财经保障</td><td>（1）闭坑成本估算和调整：对闭坑成本的组成部分进行简要介绍，明确说明成本估算所采用的财务标准和财务方法。提供已经完成的每次成本估算的结果和之后进行成本调整的依据；
（2）闭坑资金筹集和使用：明确说明已经采用的闭坑资金筹集手段和效果（筹集金额，各手段所占比例和潜在风险），以及后期计划的资金筹集手段、时间安排、预期筹集金额、潜在风险和风险应对措施。闭坑资金使用包括已经发生的资金使用情况综述和对后续资金使用安排</td></tr>
<tr><td>主管部门审核意见</td><td colspan="2">由主管部门填写对企业闭坑计划的综合评价和指导意见，并明确表示是否允许矿山按计划闭坑，最后由部门负责人签字并加盖部门公章后，报告方能视为批准通过</td></tr>
<tr><td>报告附录</td><td colspan="2">除《闭坑地质报告》所附的图、表、件外，还需提交以下附录：
附图：矿区废物堆存布置图及其他图件；
附表：矿区原始环境和社会经济数据采集表，利益相关方会商时间/内容安排表，闭坑成本估算明细表；
附件：矿山投资人或企业管理层对该报告的审核意见</td></tr>
</table>

4.7 闭坑施工

矿山闭坑施工过程中涉及的事项繁多。其核心问题包括：有害物质的产生、暴露和迁移；危险设施设备的状态；受污染场地的范围和危害程度；酸性矿坑水/含金属废水的产生、迁移；非目标金属/目标金属的残留；矿区湖泊、水区的管理；对地表水/地下水造成的不利影响；地表水管理/排水结构的设计维护；烟尘排放、噪声污染；生物多样性；整体环境景观；矿区内遗产古迹的保护。有时，还需要关注放射性物质及其危害。

闭坑施工计划需要考虑到这些核心问题，并具有操作性、指导性。

4.7.1 闭坑工程对象

闭坑的主要目的就是将采矿活动给空间、环境、经济社会带来的负面影响降到最低甚至消除。

所以，闭坑工程应当针对人造工程设施的处置和采后环境影响的恢复等两个内容，而对经济社会负面影响的补偿则主要是通过采后土地的可持续利用、进一步开发、社区就业及经济促进等方式予以实现。

闭坑工程对象具体包括：

（1）人造工程。人造工程主要有地下工程及采空区；露天坑；废石场；尾矿库；机械设备；危险材料和危险废弃物；其他建筑和设施，包括交通运输线、地表非生产建筑、选矿厂等。

（2）采后环境。采后环境主要有受污染土地；受污染地下水/地表水；被破坏的地形地貌；生物多样性；文物古迹。

4.7.2 人造工程处置

（1）地下工程及采空区。对于地下工程及采空区，在闭坑时需要关注的潜在风险因素主要有：井筒的安全性、塌陷冒顶、地表沉降坍塌、酸性矿坑水、其他化学污染物、设备油污、对水系、视觉景观的影响等。处置要素、施工目标及内容见表4－5。

表4－5　地下工程及采空区施工建议

关注目标	潜在风险因素	施工目标	施 工 内 容
物理稳定性	安全性（竖井、天井、风井）	使其符合安全要求	防止公众接近；永久密封井筒和入口；定期检查
	塌陷、冒顶	避免塌陷或者使其发生的可能性最小化	加固结构，填充地下巷道、硐室

续表4－5

关注目标	潜在风险因素	施工目标	施 工 内 容
物理稳定性	地表沉降、塌陷	稳定固化地表；强化地下工程结构	防止公众接近；地表结构加固，填充巷道硐室，美化景观以适应未来土地利用，划定可能沉降区域，建立防护网和清晰的安全标识
化学稳定性	酸性矿坑水的形成、污染物浸出（尤其是硫化矿）；残留化学反应物质浸出、其他污染	使地表水/地下水达到质量标准	密封巷道硐室、所有井筒、钻孔；积极主动处理矿井排水，规律性监测在矿井涌水/倒灌期间的水质，跟踪分析水的化学性质和转移
	残留设备机械泄漏的油污	避免油污泄漏	转移矿内的所有设备，转移所有油品和被油污染的材料
土地利用	矿山的永久废弃；不利于美观；影响地表排渗水和地下水补给	允许可持续的土地利用；加强地表水管理，保证地下水补给和水质	美化环境，防止沉降，密封地下矿井筒和入口，实施绿化

（2）露天坑。露天矿闭坑需要关注的风险因素主要有：陡帮、塌陷滑坡、对水系造成的影响、侵蚀淤积、地下水酸化、有害金属离子浸出、景观影响。处置要素、施工目标及内容见表4－6。

表4－6 露天坑施工建议

关注目标	潜在风险因素	施工目标	施 工 内 容
物理稳定性	安全性（陡帮、岩面、深层水和充水区）	使其符合安全要求	防止公众接近；建立围栏隔离危险区域，建立清晰安全标识，关闭进出通道
	塌陷、沉降、滑坡	避免塌陷沉降或者使其发生的可能性最小化	通过加固、绿化对陡帮进行美化、增强稳定性，围栏隔离危险区域，建立清晰安全标识；定期检查
	给地表的排水、渗水和地下水补给造成的影响	加强地表排水和径流管理，保证地下水补给和水质	美化环境、开（排水）沟
	侵蚀、淤积	防止侵蚀和淤积	绿化、开沟、美化环境
化学稳定性	地下水酸化、有害金属离子浸出（尤其是硫化矿）	使地表水/地下水达到质量标准	封堵、处理受采矿影响的水，监测淹水/汛期水质，定期跟踪分析；监测管理水化学和水文信息
土地利用	不利于美观；对闭坑后的活动有限制	恢复到自然状态，具有休闲消遣价值	美化环境，防止沉降，实施绿化

（3）排土场/废石堆。对排土场/废石堆的管理需要关注的风险因素主要是：安全性、沉降滑坡、对水系造成的影响、酸性矿坑水、有害金属离子或污染物浸

出、景观影响。处置要素、施工目标及内容见表4－7。

表4－7 废石场施工建议

关注目标	潜在风险因素	施工目标	施工内容
物理稳定性	沉降、滑坡，侵蚀；对地表径流和地下水渗透的影响	降低边坡的不稳定性，缓解侵蚀和淤积现象	通过削减边坡角度、开沟、改进排水系统、设立沉淀池、挡土墙，实施绿化、现场监测对其进行安全加固、美化
	安全性	符合已制订的安全规范	防止公众接近；围栏隔离危险区域，建立清晰安全标识
	对地表径流、地下水渗透和流动的破坏	加强地表排水和径流管理，保证地下水补给	开沟，改进排水系统
化学稳定性	酸性矿坑水的形成、金属离子或污染物浸出	使水质达到标准	封堵并主动处理受采矿影响的水，监测所排水的水质；用不透水材料遮盖废石堆，提高地下水位，持续进行现场监测；对水化学、水文和潜在污染物转移的监测和管理
土地利用	不利于美观；对闭坑后活动的限制	恢复到自然状态，能维持生态多样性的土地利用形式；利用废石	美化/绿化环境、削减边坡；利用废石进行填充作业或者其他土木工程

（4）尾矿库。尾矿管理所需要关注的潜在风险因素主要是：尾矿坝的安全性、一般的安全问题、尾矿砂、对水系造成的影响、酸性矿坑水、有害金属离子或污染物浸出、给景观和闭坑后活动带来的影响。处置要素、施工目标及内容见表4－8。

表4－8 尾矿库施工建议

关注目标	潜在风险因素	施工目标	施工内容
物理稳定性	尾矿坝的安全性	静态安全系数大于1.5；能抵抗包括极端条件下的冲刷侵蚀	参照《尾矿库安全技术规程》（AQ 2006—2005）对尾矿坝构造进行设计和维护；尾矿库上游或库外设置截洪设施；尾矿库内保持较长的干坡段，使水面远离坝体；尾矿坝设立完善的观测设施，进行日常检查和监测；在尾矿库及周边建立完善的交通、通讯设施，便于管理和事故处理；陡坡上开截、排水沟，防止冲刷侵蚀
	一般安全性	避免塌陷或者使其发生的可能性最小化	防止公众接近；围栏隔离危险区域，建立清晰的安全标识；定期检查
	粉尘、尾矿砂、堆积和风蚀	防止粉尘的水蚀冲刷	绿化，设立沉淀池，陡坡开沟
	对径流、地下水渗透和流动的破坏	加强对尾矿库及周边地表水的管理	美化环境，开挖排水沟渠

续表4-8

关注目标	潜在风险因素	施工目标	施工内容
化学稳定性	酸性矿坑水形成、有害金属离子浸出；残留化学反应物质浸出和其他污染物	使水质达到标准	将氧化水或渗流水与产生酸性淋滤液的材料进行隔离；尽可能在库外设多级澄清池，以保证排水水质要求；封堵并积极主动处理受采矿影响的水，监测所排水的水质；用不透水的紧致层覆盖尾矿，提高地下水位，持续进行现场监测；对水化学、水文进行监测和管理
土地利用	不利于美观，对闭坑后活动的限制	使生态恢复功能性，具有休闲消遣价值	对尾矿库表面和堤坝坡面进行环境美化，实施绿化

(5) 其他建筑设施。其他建筑设施包括交通运输线、地表非生产建筑、选矿厂等。在闭坑时，对退役的其他建筑设施进行处理所需要关注的潜在风险因素主要是：建筑设施的安全问题、对水系造成的影响、建材和化学品给环境造成的影响、对建筑设施利用的选择、给视觉景观和闭坑后活动带来的影响。具体见表4-9。

表4-9 其他建筑设施施工建议

关注目标	潜在风险因素	施工目标	施工内容
物理稳定性	建筑、道路、基础设施和设备的安全性	最大限度地再利用和循环利用拆除建筑里的材料，确保对保留下的建筑设施的维护保养；明确责任分工；符合安全要求	首先决定哪些建筑、道路和基础设施保留，并指定未来用途（如博物馆），对场所进行日常维护和结构加固；对其他建筑设施全部拆除，平整土地；同时设立标识和围栏限制公众接近
	对地表径流、地下水渗透和流动的破坏	加强地表水系的管理	修建排水系统，对保留堤坝定期维护，确保导管、排水沟、涵洞等的畅通
化学稳定性	因为建筑材料、受污染土壤和化学品仓库带来的环境危害；一般性的安全风险	减轻环境危害，确保安全	确定污染范围；负责搬移、处理化学品和受污染材料，治理受污染的土地；清除地下储罐
土地利用	对建筑和道路持续使用的选择	最大限度地利用保留的设施设备	确定潜在的建筑和道路利用选项
	不利于美观；对闭坑后的活动有限制	生态系统功能的发展，具有休闲消遣的价值	美化环境，实施绿化，清除不需要的建筑设施

(6) 机械设备。所有矿山生产机械设备都需要在停产后从生产场所转移清理，并且清理的方式必须不带有任何对于环境和安全的风险。无法再利用的设备需要送到专门的处理场所进行填埋或者报废处理。

（7）危险材料和废弃物。危险材料是指因其物理或化学特性，对人类健康、财产或环境构成风险的材料。当危险材料已不可再用于其原始用途，但依然危险时，则视作危险废物。危险材料的认定参照《危险货物品名表》（GB 12268），危险废弃物的认定参照《危险废物鉴别标准》（GB 5085）、《国家危险废物名录》（中华人民共和国环境保护部、国家发展和改革委员会令第 1 号）。

矿山常见危险材料主要有：炸药、雷管、燃料、采选化学试剂、回填尾砂等；危险废弃物主要指废油、废电池、残留化学品、化学品包装材料、尾砂等。

对危险材料的管理原则是：对它们的运输、储存和处置应防止因接触明火、高温裸露、泄漏和溢出等管理问题造成的人员伤亡、财产损失和环境破坏。

首先，对危险材料需要由专业人员运用行业公认或国家规定方法（比如危险作业分析、失效模式及后果分析和危险识别等）进行风险评估。要求记录闭坑所涉及的危险物质类型和数量，并编制汇总表格，包括物质名称、描述、分类（代号、分级等）、危险特点、月（周、日）使用量和国家规定的危险物质监管报告临界量等基础信息；之后运用已有的事故发生统计数据，分析各种可能的事故情境和发生可能性；再根据矿区的地形地貌等现场特征，估量潜在后果。

其次，结合风险评估结果，制订事故预防及控制预案，包括对操作人员进行防范事故的培训演练，材料储存状态的检查，留存危险材料和作业点的记录。包括明文规定应急所需个人防护用具和培训，突发紧急情况后的应对机制（情况通知公布程序、事故职责确认、严重性评估和具体应对措施）；还包括预案的更新和培训。同时做好相关工艺安全参数及文档记录，包括书面规定工艺安全参数、操作规程和审计规程。开展社区参与和宣传，向潜在受影响社区居民介绍矿山企业现有危险材料的管理情况和风险管理措施，普及发生事故后应采取的安全行为知识，鼓励社区合理参与对危险材料的管理决策。

最后，一旦发生事故，矿山企业要迅速准确地启动应对机制。

对危险废弃物的处理原则是：尽量由持有资质的专业机构（按照国家标准和行业规程）对危险废品进行处理。或者在规定允许的条件下，矿山自行建立专业的废品处理设施，由专业人员或经过专业培训的员工进行处置。

首先，明确危险废弃物的储存方式，一般将危险废弃物储存在封闭容器内，避开阳光直射、风雨吹淋。但同时应避免对危险废弃物使用地下储罐和地下管道，防止意外泄漏对土壤、水体造成难以补救的污染。对于挥发性废弃物的储存应当提供适宜的通风环境。另外，任何时候都只能允许受过专业培训的员工进入危险废弃物储存区域。

其次，构筑废弃物二次围堵体系，体系构筑所用材料应与所围堵危险废弃物相适应且能较好地发挥作用。

再次，明确标注危险废弃物存储点并告知所有员工；定期检查废弃物储存区

域，并记录检查结果；制订和实施溢漏处理及应急预案，以防危险废弃物的意外泄漏。

最后，危险废弃物的转运在防止泄漏等事故的前提下应最大限度减少同公众的接触。此外，运输过程中容器的危险标示应清晰明了，运输人员对所运输废弃物的特征和基本情况应完全掌握。

4.7.3 采后环境恢复

4.7.3.1 受污染土地

土地污染源包括矿石、废石、尾矿、选矿厂；污染物包括矿物离子、金属化合物或其他化学物质；传播方式包括风、水流、沉淀物或者运输设备。

土地恢复措施包括：若污染物是有机的，受污染土壤可用于尾矿覆盖；若污染物是无机的，受污染土壤可用于地下采空区回填。

此外，对于金矿、铀矿等开采方式、生产管理较为特殊的矿山，对受污染的土地的修复应当依照通行的行业技术规范或国家标准。

4.7.3.2 受污染地下水/地表水

水污染源包括矿石、废石、尾矿、选矿厂；污染物包括矿物离子、金属化合物或其他化学物质；传播方式包括流动、渗透。

水治理措施包括在矿区水系的上、中、下游均安装水质水量监测设备；实施必要土建工程保证该地区人畜饮水安全；对地表径流进行覆盖或隔离，从而限制其与潜在产酸材料的接触；避免潜在产酸材料接触氧气或水，及时将矿坑内的积水清除以减少酸性物质产生。

此外，考虑到暴雨洪水会造成净水污水混合、地表径流增加、地表腐蚀加剧、排水系统沉积明显和增大受污染区域对雨水的暴露量等问题，所以暴雨洪水对水质的影响应该纳入重点考虑范畴，主要处置措施有：将受扰动区域周围未受影响地区的地表径流分流以去除沉积物；减少非现场沉积物的运输以免造成新的沉积；在符合相关标准的前提下，保证雨水排泄管道、分水沟和河道的尺寸足够应付降水量，同时对河道沟渠等采用乱石及衬砌方法进行防腐蚀保护；及时进行合理的岩土施工，优化排水系统，减少相关区域的冲刷腐蚀程度。

4.7.3.3 被破坏地形地貌

矿区及周边地形地貌的破坏会影响人的视觉美观，造成景观缺陷。潜在的视觉影响源包括露天坑洞、未拆除的建筑结构、已腐蚀的地表、变色的水体、废弃的道路、受次生地质灾害影响的山体土地、遗弃的机械设备和功能退化的植被。

对于扰动地形地貌，需要进行美化性施工，使施工完成后矿区地形地貌与周边环境协调一致。首先需要与社区居民协商后拟订合理的土地利用方案，然后将影响视觉美观的因素与土地复垦、环境修复过程结合，修复平整后的土地山体应尽可能与周围景观协调，最大程度地保证闭坑后地形地貌的视觉美观性。

4.7.3.4 生物多样性

生物多样性的保护和保持是可持续性发展的根本条件。在闭坑施工中，可以根据地区实际，通过建立湿地、复垦、合理搭配种植树种/草种等方式保护动物栖息地，优化植物生长环境，使矿区环境形成完整生态系统结构。

具体措施包括：考虑进行生物多样性替代补偿，将类似生物种类复制到闭坑矿区；积极与科研机构合作开展生物多样性监测、评估和保护计划；进行土壤质量的保护与修复；保证复垦植物培养基的特征、作用尽可能与原有土地一致，确保本地植被的良好生长；清除外来入侵的生物物种，增加本土物种。

4.7.3.5 文物古迹

在文物古迹周围圈定安全范围并设置围栏，派专人看护并上报文物管理部门处理。

4.8 监测维护

在对矿区人造工程处置、采后环境修复及污染治理等闭坑主体施工完成后，闭坑工作进入闭坑效果的监测维护阶段。

在本阶段，闭坑工作的主要内容就是通过合理选取监测对象，构建监测指标体系，实时监控矿区的地质、生态稳定性、地区的经济发展情况和社区居民安全健康状态，及时应对突发情况，保证经过闭坑监测期后（建议5年以上），闭坑目标顺利达成，实现自然环境和当地经济社会发展的和谐与稳定。

闭坑后监测与维护是检验闭坑效果的必要过程和采后矿区安全稳定的重要保障。对于监测维护方案设计的最低要求是：采用利益相关方可接受的方法和评判标准；广泛地考虑影响环境、受体和暴露途径；确保取样、数据分析和结果评估的质量；注重分析矿区风险发展演化趋势；提供应对风险的策略及预案。

监测维护方案的内容主要有：水土保持、地形地貌、地质水文、生物多样性、水质、污染物（包含矿物元素残留）等生态环境监测维护；留存人造工程设施（如尾矿库）的状态及变化趋势监测维护；当地中小企业发展、就业、社区医疗卫生等社会基础设施状况的监测维护。

监测结果和维护状况需要及时准确地报告监管部门。监测维护工作一般要持续到闭坑完成之后5~10年甚至更长的时间。维护工作除了保障矿区日常安全稳定外，还需要在出现闭坑效果未达标或者突发情况时采取有效补救措施。

4.8.1 监测维护对象

采后监测维护的对象主要取决于闭坑目标，一般应从环境与社区等两个主题

予以考虑。具体监测对象可以包括：

(1) 环境主题。监测对象包括矿区内保留的工程结构、尾矿废石、生态状况、水土质量等。

(2) 社区主题。监测对象包括当地经济社会发展、就业、居民健康安全等。

4.8.2 监测维护体系

确定监测维护对象之后，可以确定闭坑后监测维护体系框架，通过选取合适的监测指标，构建闭坑后监测指标体系，增强监测工作的可操作性。选取监测指标主要考虑定量化与代表性等两个原则：定量化是指尽可能有权威量化标准（国家标准）作为参考，不能量化的指标应该出自现行法规政策或批准通过的文件报告中；代表性是指监测指标能够较为全面地体现监测对象对环境或社区所造成的影响。

监测指标包括监测对象指标及其评价项目（测度）。譬如，环境主题的对象指标一般包括：矿区水体（地表/地下）质量、空气质量、土壤质量、生物多样性和土地利用计划完成度等指标，而社区主题的对象指标一般包括矿区 GDP、人均年（月）收入、失业率、安全/健康事故发生次数及严重程度等指标。

监测指标一般是由以环保、国土资源、劳动、工商和统计部门为主的政府主管部门进行操作实施和信息发布，矿山企业则根据接收的监测反馈，对闭坑后出现的问题采取维护措施，及时解决问题。

矿区闭坑后监测维护及指标体系如图 4－2 和图 4－3 所示。

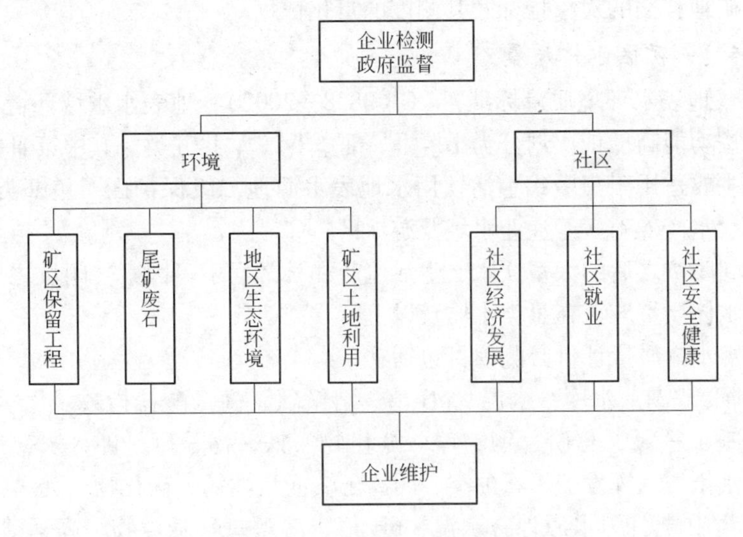

图 4－2 矿区闭坑后监测维护体系

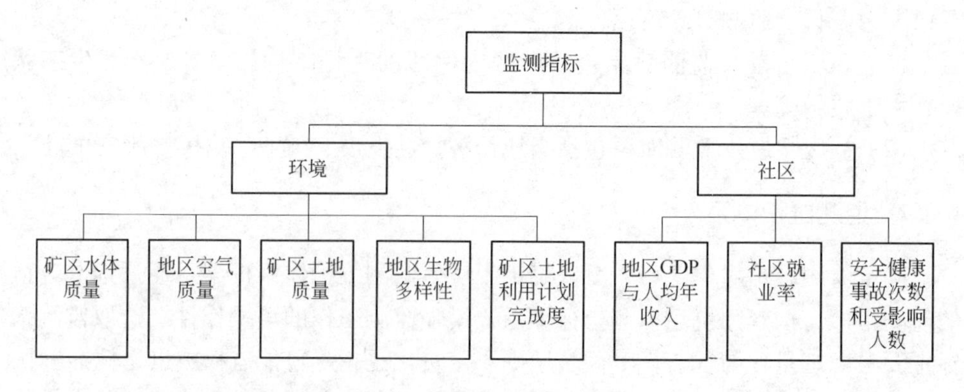

图 4－3　矿区闭坑后监测指标

4.8.3　闭坑监测要素

闭坑监测要素主要是指闭坑监测的参考标准/法规、监测单位、监测方法及依据和监测频率等内容，具体需要考虑规范性、权威性，符合相关法规或标准。闭坑监测对象指标及要素见表 4－10。

4.8.4　监测指标的评价项目及验收标准

监测对象指标的评价项目（测度）是指能够量化表征，并从监测指标中细分出来，以体现监测指标特性的测度。

验收标准是指企业闭坑后监测维护工作按期完成后，政府主管部门评判企业能否进行矿地移交的对象指标及其测度的量化依据。

4.8.4.1　*矿区水体质量*

根据《地表水环境质量标准》（GB 3838—2002），地表水水域环境功能和保护目标，按功能高低依次划分为Ⅰ、Ⅱ、Ⅲ、Ⅳ、Ⅴ共五类。其中第Ⅲ类水域的描述为：主要适用于集中式生活饮用水地表水源地二级保护区、鱼虾类越冬场、洄游通道、水产养殖区等渔业水域及游泳区。

考虑到闭坑之后的人畜饮水、生活生产和日常娱乐等因素，闭坑之后矿区内的地表水水体质量应该在Ⅲ类水质及以上。

地表水水体质量评价必测项目包括：

（1）河流/湖泊水库：水温、pH 值、溶解氧、高锰酸盐指数、化学需氧量、BOD、氨氮、总氮、总磷、铜、锌、氟化物、铁、锰、硒、砷、汞、镉、六价铬、铅、氰化物、挥发酚、石油类、阴离子表面活性剂、硫化物、粪大肠菌群。

（2）集中式引用水源地：水温、pH 值、溶解氧、悬浮物、高锰酸盐指数、化学需氧量、BOD、氨氮、总氮、总磷、铜、锌、氟化物、硒、砷、汞、镉、六

表 4－10　矿区闭坑后各指标监测要素一览

要素＼监测指标	矿区水体质量	地区空气质量	矿区土壤质量	地区生物多样性	土地利用计划完成度	地区 GDP 及人均年/月收入	社区失业率	安全健康事故次数和受影响人数
参考标准/法规	《地面水环境质量标准》GB 3838—2002；《地下水环境质量标准》GB/T 14848	《环境空气质量标准》GB 3095—2012	《土壤环境质量标准》GB 15618—1995	《区域生物多样性评价标准》HJ 623—2011	闭坑后土地利用计划	《统计法》；《统计法实施细则》	《统计法》；《统计法实施细则》	《突发环境事件信息报告办法》；《危险废物污染防治技术政策》；《矿山安全法》；《矿山安全法实施条例》；《生产安全事故报告和调查处理条例》
监测单位（闭坑验收单位）	中国环境监测总站和省、市（区）环境监测（中心）	县级以上政府环境保护行政主管部门	县级以上政府环境保护行政主管部门	县级以上政府环境保护行政主管部门	县级以上政府国土资源行政主管部门	县级以上政府统计行政主管部门	县级以上政府劳动和统计行政主管部门	县级以上政府环保、安监、卫生和统计行政主管部门
监测方法/方法来源	《地表水和污水监测技术规范》HJ/T 91—2002；《生活饮用水标准检验方法》GB 5750	《环境空气质量评价技术规范（试行）》HJ 663—2013；《环境空气质量监测点位布设技术规范（试行）》HJ 664—2013	《土壤环境监测技术规范》HJ/T 166	《关于发布全国生物物种资源调查相关技术规定（试行）的公告》	现场勘查认定	经济普查	失业登记	事故调查
监测（记录）频度	地表水常规监测每月 1 次，（全流域）同步监测按需确定；地下水每年至少两次（枯水期、丰水期）	实时监测，每小时、每天和每年分别记录一次监测结果	常规项目和选测项目每 3 年 1 次，矿山特定项目根据实地污染情况和趋势灵活确定	根据调查对象的特性等，选择合适的调查时间，并确定调查次数	每年 1 次	每年/月 1 次	任意工作日均可登记，每月统计 1 次	每次事故发生时都需进行鉴定和统计

价铬、铅、氰化物、挥发酚、石油类、阴离子表面活性剂、硫化物、硫酸盐、氯化物、硝酸盐、粪大肠菌群。

（3）还要注意剧毒和“三致”（致突变、致畸、致癌）有毒化学品的监测。

地表水水体质量评价选测项目包括：

（1）黑色金属矿山：悬浮物、重金属、硫化物、锑、铋、锡、氯化物，配套选矿厂的矿区还需加测 COD、铬。

（2）有色金属矿山：COD、悬浮物、重金属、铍、铝、钒、钴、锑、铋。

（3）煤矿：悬浮物、油类。

（4）硫铁矿：COD、悬浮物。

（5）磷矿：磷酸盐、黄磷。

（6）汞矿：悬浮物。

地表水水体质量验收标准值在监测期内均应优于《地表水环境质量标准》（GB 3838—2002）中Ⅲ类水质的标准（非矿山开发遗留污染源造成水质不合格情况除外）或不差于矿山开发前最后一年矿区地表水水体质量。

根据《地下水环境质量标准》（GB/T 14848），我国地下水质量依据人体健康基准值和地下水保护目标划分为Ⅰ、Ⅱ、Ⅲ、Ⅳ、Ⅴ共五类，其中第Ⅲ类描述为：以人体健康基准值为依据，主要适用于集中式生活饮用水水源及工、农业用水。

考虑到闭坑之后的人畜饮水和生活生产用水等因素，闭坑之后矿山所在地区的地下水体质量应该在Ⅲ类水质以上。

地下水水体质量评价项目主要包括：pH 值、氨氮、硝酸盐、亚硝酸盐、挥发性酚、氰化物、砷、汞、铬（六价）、总硬度、铅、氟、镉、铁、锰、溶解性总固体、高锰酸盐指数、氯化物、大肠菌群。

地下水水体质量验收标准值在监测期内均应优于《地下水环境质量标准》（GB/T 14848）中Ⅲ类水质标准（非矿山开发遗留污染源造成水质不合格情况除外）或不差于矿山开发前最后一年矿区地下水水体质量。

4.8.4.2 地区空气质量

根据《环境空气质量标准》（GB 3095—2012），环境空气功能区分为两类：一类区为自然保护区、风景名胜区和其他需要特殊保护的区域；二类区为居住区、商业交通居民混合区、文化区、工业区和农村地区。

闭坑后的监测项目评价采用二类区标准，使用二级浓度限值。

地区空气质量基本评价项目包括二氧化硫（SO_2）、二氧化氮（NO_2）、一氧化碳（CO）、臭氧（O_3）、可吸入颗粒物（PM10）、细颗粒物（PM2.5）。

地区空气质量其他评价项目包括总悬浮颗粒物（TSP）、氮氧化物（NO_x）、铅（Pb）、苯并［a］芘（BaP）。

地区空气质量验收标准污染物浓度值，在监测期内均应低于《环境空气质量标准》（GB 3095—2012）中二级浓度限值（非矿山开发遗留污染源造成空气质量不合格情况除外），或不差于矿山开发前最后一年地区空气质量的年度监测结果。

4.8.4.3 矿区土壤质量

根据《土壤环境质量标准》（GB 15618—1995），将土壤根据其功能和保护目标分为Ⅰ、Ⅱ、Ⅲ三类。其中对Ⅲ类土壤的描述为：适用于林地土壤及污染物容量较大的高背景值土壤和矿产附近等地的农田土壤（蔬菜地除外），土壤质量基本上对植物和环境不造成危害。

闭坑之后对土壤环境质量的评价应采用Ⅲ类土壤的标准，Ⅲ类土壤环境质量执行三级标准。

矿区土壤环境质量评价常规项目包括 pH 值、阳离子交换量、镉、铬、汞、砷、铅、铜、锌、镍、甲体六六六、滴滴涕。

矿区土壤环境质量评价矿山特定项目，可根据矿山矿石种类和采选配套化学品和燃料、累积污染情况、环境影响范围和危害程度广等确定。

矿区土壤环境质量验收标准值在监测期内均应优于《土壤环境质量标准》（GB 15618—1995）中三级标准（非矿山开发遗留污染源造成土壤环境质量不合格情况除外）或不差于矿山开发前最后一年矿区土壤环境质量。

4.8.4.4 生物多样性

根据《区域生物多样性评价标准》（HJ 623—2011），闭坑完成之后的地区生物多样性监测指标为生物多样性等级和生物多样性指数，其中生物多样性等级有高、中、一般、低 4 个级别。闭坑地区的生物多样性等级建议恢复为中级以上，若难度较大则至少恢复至一般级。一般级描述为：物种较少，特有属种不多，局部地区生物多样性较丰富，但生物多样性总体水平一般。

地区生物多样性评价项目包括野生维管束植物丰富度、野生动物丰富度、生态系统类型多样性、物种特有性、受威胁物种的丰富度、外来物种入侵度。

地区生物多样性验收标准可参见《区域生物多样性评价标准》（HJ 623—2011），生物多样性分级结果根据监测期最后一次监测情况不低于《区域生物多样性评价标准》中的一般级（非矿山开发原因造成生物多样性水平降低情况除外）或不差于矿山开发前最后一年地区水平。

4.8.4.5 土地利用计划完成度

土地利用计划完成度可以运用复垦面积、矿区已按计划开发利用的土地面积占扰动土地总面积的比例和已完成开发项目与计划方案的契合度（各功能区面积比较）等三项指标来评估。

第一项指标符合《土地复垦条例》、《土地复垦条例实施办法》要求的土地复垦面积不少于闭坑计划中的复垦面积；第二项指标平均每年增加的比例能实现矿区扰动土地面积在验收时利用比例达100%，且每年新增利用面积不小于矿区扰动总面积的10%；第三项指标的功能区（绿化区、商业区、住宅区等）验收时，实际面积与计划面积误差保持在一定范围内（此范围由县级以上国土资源部门和环境保护部门确定）。

4.8.4.6 地区GDP/社区人均年（月）收入

监测期内每年地区GDP呈增长态势，且增速呈现逐年递增趋势，监测期内最后一次统计显示GDP年增速恢复至矿山停产前水平。

监测期内社区居民人均年（月）收入呈增长态势，且增速呈现逐年递增趋势，监测期内最后一次统计显示人均年（月）收入年增速恢复至矿山停产前水平。

4.8.4.7 社区失业率

社区矿山从业人员均得到妥善安置（再培训、分配其他矿山、转业），监测期内最后一次统计显示因矿山闭坑增加的社区失业率为0或低于某一比例（比例由县级以上劳动部门确定）。

4.8.4.8 安全和健康事故

验收时统计资料显示监测期内生产安全事故发生总次数为0，环境污染和生态破坏事故发生总次数为0，因矿山开发遗留问题引发的地质灾害总次数为0。

4.8.5 闭坑维护

闭坑维护主要是指矿山企业对已完成的闭坑成果的养护与管理，使之发挥预期作用的行为。闭坑维护的措施主要集中在生态成果维护、保留工程维护和社区发展维护等3个方面。

4.8.5.1 生态成果维护

（1）周期性检查复垦植被的生长情况，并做好记录。

（2）周期性勘查矿区地质状况，对存在安全隐患的区域设置警示标志并进行有效阻隔。在极端气候条件下，加强对地质灾害的防备措施，实现24小时值班，保证情况汇报通道的畅通。

（3）定期检查矿区土地利用进度，保留和更新完整的已开工、完工土地开发项目资料和计划开工项目资料，备查。

（4）确保矿山开发废弃物，尤其是有害废弃物全部按照《固体废物处理处置工程技术导则》（HJ 2035—2013）、《危险化学品安全管理条例》、《危险废弃物焚烧污染控制标准》（GB 18484—2001）、《危险废弃物贮存污染控制标准》（GB 18597—2001）、《危险废弃物填埋污染控制标准》（GB 18598—2001）等法规或标准妥善处置。

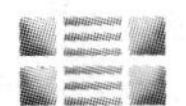

4.8.5.2 保留工程维护

（1）矿区废弃场所均需设置有明显警示标志并注明危险内容。

（2）矿区废弃场所和出入口均需设置围挡等阻止人畜进入的设施，并确保阻挡效果（如露天坑、尾矿库和采空区等），必要时可布置监控设备。

（3）实现对重大安全场所（譬如尾矿库等）的实时监控，并能及时消除安全隐患。

（4）定期检查维护各保留工程和设备设施（排水沟、挡土墙等），使之运转良好，发挥计划功能，并保留维护记录。

（5）安排有专人24小时值班，有安全主管领导或负责人，确保情况汇报通道畅通，并保留完整值班记录。

（6）制订行之有效的安全应急方案并告知周边居民，确保通知渠道迅速有效。

4.8.5.3 社区发展维护

（1）定期义务为居民进行身体检查，避免因矿山开发遗留问题引发居民健康问题。

（2）宣传和普及安全健康知识，预防安全健康事故。

（3）设立社区发展扶持基金，为地区经济转型提供必要的资金。

（4）向社区无业人员或矿山转业人员提供再就业技术培训。

（5）创办其他产业，直接吸纳当地居民就业。

（6）合理开发采后土地，吸引外地资本，引进产业，拉动经济增长，促进就业。

4.9 责任移交

在闭坑监测维护期满后，矿山企业若认为闭坑成果已达到预期效果，实现了闭坑目标，可以向管理部门提出责任移交的申请。这个申请是指在矿山闭坑责任人完成闭坑工作后，通过法定程序解除自身对矿区后续维护与管理责任，并将之转让给他人或政府的行为。

4.9.1 移交责任

责任移交主要围绕责任展开，涉及自然环境、安全健康和社区发展，包括：

（1）矿区生态环境保护。包括对栽种植被、复垦土地的养护，地质灾害的监测预防，矿区突发污染事件的应对和土地开发项目的管理。

（2）矿区保留工程管理。包括对矿区保留工程的安全检查、功能维护、隐患排查、管理记录和突发事件的应对。

（3）社区经济发展扶持。包括为社区经济转型直接提供资金、技术帮助和就业岗位，协助引入外部投资，促进地区可持续发展。

（4）居民安全健康保障。包括对居民身体状况的定期检查、安全健康知识的宣传普及和突发安全健康事件的应对。

（5）利益相关方沟通。包括定期接受各利益相关方的意见和建议并反馈改进结果，定期向利益相关方发布或报告矿区状况。

（6）事故处置。包括因管理漏洞和应对方案缺失而出现的安全生产事故、突发环境污染事故、职业健康安全事故和矿区地质灾害等引发的人员伤亡事故处置及法律责任。

4.9.2 移交程序

责任移交程序是指顺利完成闭坑后，矿区后续责任交接的相关程序，步骤如图4－4所示。

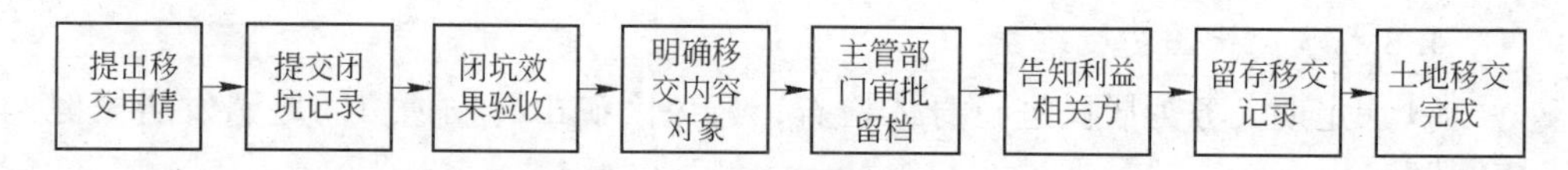

图4－4 责任移交程序

（1）由原闭坑责任人（矿山企业）向政府主管部门提出矿地移交申请，申请报告内容提纲见表4－11。

表4－11 责任移交申请报告主要结构及内容

报告结构	具体内容
申请信息	（1）矿山名称； （2）所属企业； （3）矿山所处行政区域； （4）矿长； （5）闭坑第一责任人； （6）闭坑县级以上主管部门； （7）移交原因； （8）闭坑区域及面积； （9）申请时间； （10）实际闭坑起止时间； （11）实际闭坑资金
闭坑工作综述	（1）整体闭坑工作综述：利用数据客观描述闭坑工作的完成情况，说明实际闭坑工作的整体思路、技术方法和完成的闭坑内容，以及与闭坑计划的差异； （2）前期闭坑准备工作综述：利用客观数据描述矿山停产之前完成的闭坑工作量，说明此阶段闭坑的实际工作对象、工作思路和技术方法； （3）中期闭坑主体工程完成情况综述：利用客观数据描述矿山主体工程施工期间的工作量，说明此阶段闭坑的实际工作对象、工作思路和技术方法； （4）后期监测维护工作综述：利用客观数据描述矿山主体工程完成之后至今所有的工作量，说明此阶段闭坑的实际工作对象、工作思路和技术方法

续表 4-11

报告结构		具体内容
闭坑效果自我评价		（1）矿区生态环境恢复效果评价：包括水系、空气、土壤、生物多样性等环境因素的恢复治理和土地利用等方面工作效果的评价，重点在闭坑措施使矿区生态环境较矿山开发前原始水平的恢复程度； （2）社区扶持结果评价：对闭坑后相关扶持措施对社区经济发展、就业情况、居民生活水平和安全健康状况正面影响的评估和遗留问题的表述，重点在扶持措施是否使社区相关经济指标和居民安全健康状况不差于矿山开发前水平
主管部门审核意见		由主管部门填写对企业闭坑工作和闭坑效果的综合评价，并明确表示是否批准矿地移交申请并进入闭坑效果验收阶段，由部门负责人签字并加盖部门公章
报告附录	附图	（1）矿山交通位置图； （2）矿区地质图（含地层柱状图、剖面图及矿体分布）； （3）矿区闭坑后总平面布置图； （4）矿山闭坑范围及其周边环境地质图； （5）其他图件
	附表	（1）矿区功能性设施运转监测记录表（值班记录）； （2）矿区功能性设施和废弃场所安全检查记录表（值班记录）； （3）矿山地质灾害、污染事故、健康安全事故统计表； （4）矿区生态环境恢复成果统计相关表格； （5）社区主要经济指标统计表和居民健康状况（体检数据）统计表； （6）利益相关方会商成果表； （7）闭坑资金筹集、使用明细表
	附件	（1）采矿许可证（可复印）； （2）矿山闭坑申请报告（已获批）； （3）矿山投资人或企业管理层对该报告的审核意见

（2）提交完整闭坑记录，涵盖企业从勘查阶段延续至目前所开展的闭坑工作内容。

（3）有关部门接受申请后，组织行业专家和关键利益相关方参照一定标准、通过审阅闭坑记录和现场勘查、对闭坑效果进行验收。

（4）通过验收后，政府主管部门明确所交接的矿区后续责任内容和移交对象，并得到移交双方认可。

（5）政府主管部门批准原闭坑责任人的移交申请、发布书面通知，并留档。

（6）由原闭坑责任人和政府主管部门联名共同告知所有闭坑利益相关方移交责任和新的责任对象。

（7）企业和政府留存同样内容的责任交接记录，以备后续查阅。

（8）责任交接完毕，移交程序完成。

4.10 财经保障

财经保障是矿山闭坑的重要内容，良好的财经保障能够为闭坑提供及时、足够的资金支持，确保闭坑的顺利推进。

财经保障也是贯穿于整个矿山生命周期的闭坑工作内容，对财经保障工作内容的合理安排能够保证各阶段闭坑进程的顺利推进。面向矿山生命周期的财经保障工作安排如图 4 – 5 所示。

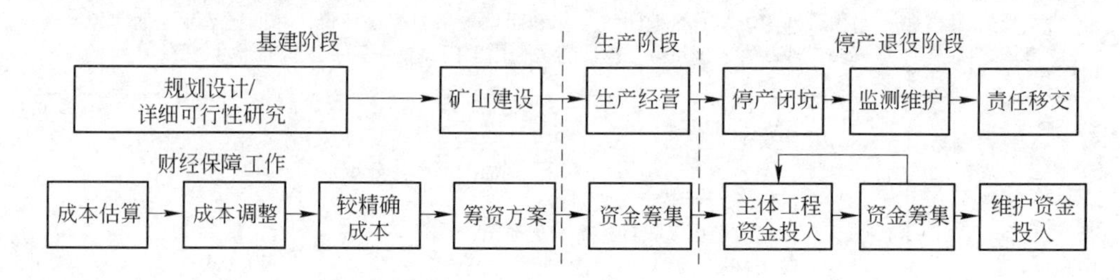

图 4 – 5　财经保障工作安排

从图 4 – 5 可以看出，闭坑财经保障核心问题包括两方面：闭坑成本估算与调整；基于闭坑成本的资金筹措。

4.10.1 闭坑成本

闭坑成本估算对财经保障具有基础性作用，后续资金筹措和使用都是基于闭坑成本估算。闭坑成本估算一般在闭坑计划编制完成后根据预期安排的闭坑内容进行，需要考虑闭坑各个阶段的开支及耗费。

闭坑成本估算需要考虑到矿山闭坑和治理修复的所有活动，涵盖生态环境保护、人文关怀和地区发展扶持等方面。成本项目主要包括：项目管理成本、工程成本、社区成本和应急成本。

（1）项目管理成本涉及前期勘查、调研、计划开支；利益相关方协商开支；向主管部门申请、汇报的开支；必要的研究和试验开支；员工管理、培训、安置成本；闭坑之后的监测和维护成本等。

（2）工程成本涉及基础设施的改建、退役和拆除开支；矿区污染治理开支；矿区环境恢复和土地复垦开支；设备的处置开支；有害废弃材料的处置开支；闭坑后的水治理和水排放开支；对土地进行其他功能性改造的投入开支；其他必要土方工程和景观施工开支等。

（3）社区成本涉及社区就业保障、社区经济扶持、社区其他需求开支等。

（4）应急成本主要是闭坑事故应急准备金。

闭坑计划应随着矿山生命周期推进不断调整，越临近矿山停产，闭坑成本估算就应当越具体、越全面，还应考虑可能出现的其他因素的变化对闭坑成本的影响，如矿山生产/闭坑计划或整体规划的变动、法律政策上的变动、技术的改进、通胀和成本的上升、经济形势/金融指标（如贷款利率）的变化、利益相关方期望的变化以及其他影响因素。

闭坑成本估算应随着矿山生命周期发展而不断调整，以适应实际情况、提高预算精度。闭坑成本调整可以与随矿山生命周期发展阶段变化的闭坑计划一起进行。

4.10.2 筹资途径

闭坑资金筹措是闭坑成本估算的后续工作，一般因矿山企业自身财力、利益相关方期望、时间安排等不同，筹资方式选择也有所差异。但筹资的目标是一致的：确保闭坑措施得以实现并使闭坑结果通过政府主管部门的审查验收。

目前，矿山闭坑资金筹措方式主要有规制途径和市场途径等两类。

4.10.2.1 规制途径

规制途径是指按照政府强制性要求而筹集的闭坑资金，包括储备金/准备金、保证金、政府拨款等。

目前，国外比较普遍的做法是实行闭坑储备金或闭坑保证金制度，我国也有部分省市施行了土地复垦保证金制度。针对遗弃矿山的环境恢复和污染治理，还可以采用政府拨款方式。

（1）闭坑储备金/准备金。闭坑储备金/准备金源自于银行存款准备金制度，为了避免商业银行因过度投资、贷款等引发资金紧张，导致客户无法正常取款或资金结算，商业银行需要按一定比例将接收存款的一部分存于中央银行以备后用。同理，为了防止矿山企业无法按期按质闭坑，在矿山经营生产的过程中，企业根据闭坑成本估算一次性或者根据自身经营状况周期性地（每年或每月）按规定比例向政府主管部门缴纳的预期用于闭坑的费用，即为闭坑储备金/准备金。这笔资金由政府主管部门保存，在矿山实施闭坑工程时予以返还，并在政府监督下供企业专项使用。

（2）闭坑保证金。闭坑保证金源自于期货交易中的保证金制度，在期货交易中，任何交易者必须按照其所买卖期货合约价格的一定比例缴纳资金，作为其履行期货合约的财力担保，然后才能参与期货合约的买卖。同理，为督促矿山企业的闭坑工作，政府主管部门可根据矿山企业估算的闭坑成本和企业经营状况向企业收取闭坑保证金，缴纳保证金后，企业方可进行后续的生产和经营。譬如，美国将复垦保证金的缴纳情况与获得采矿许可证关联。当企业顺利按照要求完成闭坑、通过验收，保证金返还；若没有完成闭坑，则由政府部门利用企业缴纳的闭坑保证金进行环境恢复和治理工作。

储备金与保证金的区别在于：闭坑储备金/准备金是企业着手闭坑时就申请政府返还，以供专项使用；而闭坑保证金则是企业首先履行闭坑，政府视其完成情况再决定返还与否及多少。

闭坑储备金/准备金和保证金的资金缴纳或返还，可以是一次性收取或返还，也可以是按矿山生命周期阶段分期收取或返还。考虑到一次性收取会给企业带来资金压力，造成公司现金流紧张，所以，建议根据矿山生命周期阶段发展、视矿山开发经营状况而采用分期收取、分期返还的方式。

通过规制途径获得闭坑资金的方式较为传统，使用范围较为广泛和稳妥。比如，澳大利亚设立了“矿山闭坑储备金”，资金主要来源于矿山企业缴纳，用于矿山关闭后的生态恢复、设施拆除、产业转型等目的。

我国的闭坑规制途径以现金缴纳为主，还可以考虑资产抵押方式。闭坑筹资规制途径对比见表4－12。

表4－12　闭坑筹资规制途径对比

规制途径	资金来源	资金管理	资金形式	缴纳时间	返还时间
储备金/准备金	企业	政府主管部门	现金/资产抵押	申请采矿权时一次性缴清；或从申请采矿权开始，每个矿山生命周期阶段开始前缴纳	矿山正式停产退役后一次性返还；或矿山企业启动闭坑工作后分阶段返还
保证金	企业	政府主管部门	现金/资产抵押	申请采矿权时一次性缴清；或从申请采矿权开始，每个矿山生命周期阶段开始前缴纳	最终闭坑通过验收后一次性返还；或各阶段闭坑工作通过验收后分批返还
拨款	政府	政府主管部门	现金	随时	遗弃矿山治理时

4.10.2.2　市场途径

虽然规制途径能够在闭坑财经保障上发挥重要作用，但随着经济社会的发展，利益相关方对闭坑效果期待水平不断提高，闭坑法规、标准日益严苛，闭坑涉及责任及内容越来增多，闭坑资金需求会越来越大。

与此相适应，市场途径的闭坑财经保障手段也有发展，包括债券、金融担保等新兴的闭坑资金筹集方式，已经在加拿大、澳大利亚、纳米比亚等国采用，具体情况见表4－13。

表4-13 闭坑筹资市场途径对比

市场手段	资金来源	偿还时间	支付金额
债券	所有购买债券的个人和组织	债券购买协议上规定的偿还时间	购买债券的本金；按协议利率计算的利息
担保	担保人	闭坑结束后企业和担保人双方认定的期限内	担保人实际提供的闭坑资金；担保酬金

(1) 闭坑债券。债券是一种金融契约，是政府、金融机构或工商企业等基于一定目的直接向社会及投资者借债筹措资金时，发行、承诺按一定利率支付利息并按约定条件偿还本金的债权债务凭证。同理，闭坑债券也是为了保障闭坑资金需求，由矿山企业向社会公开发行，承诺投资者一定收益的金融契约。通过发行债券，矿山企业可在短时间获得可观的资金，而后期偿还的本息资金则来源于企业其他生产矿山或者其他业务的营业收入。闭坑债券的发行能有效缓解矿山企业短期内闭坑资金的压力。

(2) 闭坑担保。担保是一种以债务人的资产作为抵押品或者依靠信用从担保人处取得贷款偿还债权人的手段，一般存在债务人、债权人和担保人三种角色。闭坑担保中，矿山企业作为闭坑债务的债务人，政府作为债权人，由银行等经济实力较强，具备担保资质的机构作为担保人，保证企业能顺利完成闭坑，企业需要向担保人抵押资产并支付一定的酬金。当企业出现资金困难的情况，由担保人负责提供补充资金，交由政府或企业最终完成闭坑。闭坑完成后企业需要在一定期限向担保人偿还资金赎回抵押资产，否则担保人有权将资产变卖兑现，资金收归自己所有。

闭坑资金筹集的市场手段运用均是为了实现通过企业、政府之外的经济力量缓解闭坑时期内企业的资金压力，保障闭坑的顺利进行。通过市场手段筹集资金的优势在于筹资时间短、集资数量大；但是因金融工具的制度水平高、技术难度大、杠杆作用强、操作风险高，通过金融手段筹集闭坑资金需要在较为完善的制度框架下进行，需要矿山企业具有较高的风险管理与预控水平和方案，目前主要存在于金融和矿业发达国家或地区，其使用范围比较有限。

5 矿山闭坑完成评价

为了进一步增强闭坑机制的系统性，有必要引入闭坑完成评价准则、指标及方法。

闭坑完成评价主体是对评价客体项目完成质量判断和评价的执行者，具体指直接或间接参与评价过程的组织或个人，从便于召集组织的可操作性角度出发，选取三个关键利益相关方——政府、企业、社区居民作为评价主体。政府主要牵头组织，起到指导、评判作用，企业负责具体评价工作组织保障，社区居民负责参与督促评价的公正性。所以，简单地说，矿山闭坑完成评价主体是以政府为指导，以企业为主并实施，以社区居民参与的三方主体。

具体评价时间节点是在闭坑效果监测维护期满后，由矿山企业提交矿地移交申请报告并通过政府主管部门审批，政府部门牵头组织开展矿山闭坑完成评价。

5.1 评价目的

矿山闭坑完成评价是政府、企业和社区等利益相关方对矿山闭坑工作完成质量的综合性评价，主要目的是：

(1) 评价矿山闭坑过程中的闭坑计划、闭坑施工、监测维护、财经保障和利益相关方参与等闭坑机制的执行情况。

(2) 评价矿山闭坑完成的整体水平，检验闭坑成果是否实现闭坑计划的目标。

5.2 评价内容

依据闭坑评价目的，主要评价闭坑目标的实现和闭坑过程的实施情况。涉及闭坑目标的主题指标设计为 4 项，包括社区居民安全健康、土地可持续利用、生态环境保护和社会经济影响；涉及闭坑过程的主题指标设计为 5 项，包括闭坑计划水平、闭坑施工质量、监测维护机制有效性、财经保障水平和利益相关方参与。

(1) 社区居民安全健康状况。主要评价社区居民是否因矿山企业因采后防治措施不足或执行不力导致过以下情况：

1) 人员伤亡事故以及事故后果（事故次数和严重程度）。

2) 存在潜在影响社区居民日常安全的风险因素，如地质灾害隐患等。

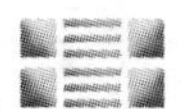

3）人员身体健康事故以及事故后果（事故次数和严重程度）。

4）因采矿、闭坑活动使得社区居民身体健康平均水平下降。

5）存在潜在损害居民身体健康的风险因素，如酸性矿坑水的渗漏。

（2）土地可持续利用情况。主要评价矿区非保留建筑设施是否完全拆除，扰动土地是否进行了复垦、平整，然后评价平整的土地是否按所提交闭坑计划中的土地利用方案进了土地功能恢复或二次开发，以及方案实现的程度。

（3）生态环境质量。主要评价在监测维护期满后矿区的水体质量、空气质量、土壤质量、生物多样性是否达到所要求的国家标准，以及被破坏地形地貌的修复是否满足闭坑计划要求或得到利益相关方认可。

（4）社会经济影响。主要评价监测维护期满后矿山周边地区居民收入水平、就业率和地区经济发展水平是否较矿山投产阶段有（令利益相关方不可接受的）下降。

（5）闭坑计划水平。主要评价概念性和操作性闭坑计划内容的质量，包括内容的合理性、全面性等。还需要评价闭坑计划的调整优化频率和所调整内容的合理性。

（6）闭坑施工质量。主要评价闭坑施工设计水平、进度控制和质量控制，具体包括设计的有效性、实施难度、成本控制、施工过程中的工期管理、计划执行情况和质量监督管理等。

（7）监测维护机制有效性。主要评价监测维护系统的设计水平、搭建质量和实际工作效果，还需要评价系统日常工作和突发情况下的资料记录的完备性。

（8）财经保障水平。主要评价闭坑成本估算的精度、到监测维护期满资金筹集总额以及所选择的筹集途径的有效性、合理性。

（9）利益相关方参与。主要评价利益相关方，尤其是关键利益相关方参与闭坑决策和闭坑过程监督的频率、参与形式、参与效果以及参与者对闭坑责任企业活动组织的满意程度。

5.3 评价指标及方法

5.3.1 指标原则

（1）科学性。要求指标的设计选取、各指标权重的计算确定和指标具体信息的收集有合理的逻辑思路和科学的依据，还要求指标所表达出的信息和覆盖范围科学规范。矿山闭坑完成评价的指标首先需要满足这一原则。

（2）系统性（全面性、简明性和代表性）。要求指标的选取应当以系统性理论为依据，各指标相互配合，既能共同作用，又各有侧重，指示特有信息，保证反映所评价对象全面的属性特征，这样才能使指标体系形成有机统一的整体。同时指标不宜过多，过于晦涩复杂，各指标层间关系应清楚明晰。

（3）定性和定量相结合。理论上，指标体系中的定量指标越多，指标体系越客观，人为干扰越少。但是对于矿山闭坑工作来说，有时部分重要评价内容（如闭坑工作带来的社会影响）不方便甚至无法直接获取数据，故不适合直接定量描述，需要适宜地加入定性说明，通过专家打分或者民意测验等方式进行评价，这样更具有可操作性。但定性指标不宜过多，否则指标体系受主观因素影响太大，其评价结果也会失去参考价值。

（4）指标与目标及过程相一致。指标所反映的内容与矿山闭坑绩效评价目标及过程相关，所构建的指标体系的指向与最终的评价目标及工程一致。

（5）可操作性。指标设计选择应当考虑数据获取难易程度，考虑是否能通过权威渠道准确快捷地获取信息和数据，以方便评价主体顺利开展评价工作。

（6）动态性。即已经设计完成的指标体系可拓展、调整、优化。因为随着外部环境或内部条件的变化，矿山闭坑的目标、具体程序或者其他组成因素会出现调整变化，同时矿山种类的不同，地方法规政策的不同也导致了矿山闭坑完成评价指标不可能一成不变，所以在设计指标体系时必须考虑时空动态性。

5.3.2 指标体系

根据指标原则，结合闭坑评价目的及内容，设计了如图5－1所示的指标体系，基础指标的内涵及解释见表5－1。

表5－1 矿山闭坑完成评价指标内涵及解释

主题指标	基础指标	指 标 解 释
居民安全健康B1	安全事故损失C1	停产后因闭坑不力引起的安全事故发生次数和伤亡人数的综合考量
	健康事故损失C2	停产后因闭坑不力引起的健康事故发生次数和影响人数的综合考量
	安全隐患数量C3	监测维护期满后仍然存在的可能引发社区安全问题的隐患数量
	健康隐患数量C4	监测维护期满后仍然存在的可能引发居民健康问题的隐患数量
	采矿致病人员比例C5	社区中因采矿活动导致疾病的人数占常住人口的比例
土地可持续利用B2	非保留设施拆除率C6	矿区内已拆除的非保留设施占地面积占应拆除设施总占地面积的比例
	扰动土地复垦率C7	土地复垦面积占所有破坏扰动土地面积的比例
	土地二次开发率C8	根据闭坑计划已二次开发土地面积占计划开发总面积的比例
	文物古迹保护比例C9	矿区完好的文物古迹数量占所有已知文物古迹数量的比例

续表 5-1

主题指标	基础指标	指标解释
生态环境质量 B3	矿区水体质量 C10	参照《地面水环境质量标准》GB 3838—2002、《地下水环境质量标准》GB/T 14848 进行评价，质量共分 5 类，Ⅰ、Ⅱ、Ⅲ类水质为合格
	矿区空气质量 C11	参照《环境空气质量标准》GB 3095—2012 中二类区标准进行评价
	矿区土壤质量 C12	参照《土壤环境质量标准》GB 15618—1995 中Ⅲ类土壤标准进行评价
	地区生物多样性 C13	参照《区域生物多样性评价标准》HJ 623—2011 进行评价，共 4 级，在“一般级”以上为合格
	地形地貌美观度 C14	从直观视觉角度对土地平整、复垦、绿化之后矿区环境与周边环境融合程度的评价
社会经济影响 B4	居民平均年收入 C15	社区居民在一个完整自然年内的平均经济收入
	社区就业率 C16	社区就业人口占常住人口的比例
	地区 GDP C17	矿区所处行政区域（县级以下）年度生产总值
闭坑计划水平 B5	概念性计划质量 C18	对概念性计划的内容指导性、前瞻性、合理性的综合考量
	操作性计划质量 C19	对操作性计划的内容全面性、合理性的综合考量
	计划调整合理度 C20	对闭坑计划调整优化频率、调整内容合理性的综合考量
闭坑施工质量 B6	施工设计水平 C21	对闭坑施工设计的有效性、施工难度、成本控制等的综合考量
	施工进度控制 C22	对闭坑施工工期管理水平和效果的综合考量
	施工质量控制 C23	对施工中原材料质量、施工设计执行程度、质量监测等的综合考量
监测维护机制有效性 B7	监测系统有效性 C24	对监测系统设计、搭建、人员安排和系统工作效果的综合考量
	维护机制有效性 C25	对维护机制的设计、构建、人员安排和机制运转效果的综合考量
	工作记录完备性 C26	监测维护日常记录，突发情况监测、应对和汇报公布记录的完整程度
财经保障水平 B8	成本估算精度 C27	所提交闭坑计划中的闭坑成本与最终实际闭坑成本的误差
	集资额度 C28	从资金筹集行为开始到监测维护期满后所筹集到的闭坑资金总额
	集资手段合理度 C29	对集资过程中采用的方法途径数量、合理性和集资效果的综合考量
利益相关方参与组织 B9	利益相关方参与程度 C30	对利益相关方参与闭坑决策、闭坑过程监督的形式、次数和效果的综合考量
	利益相关方满意率 C31	对闭坑责任企业相关活动组织满意的利益方人数占总参加利益相关方人数的比例

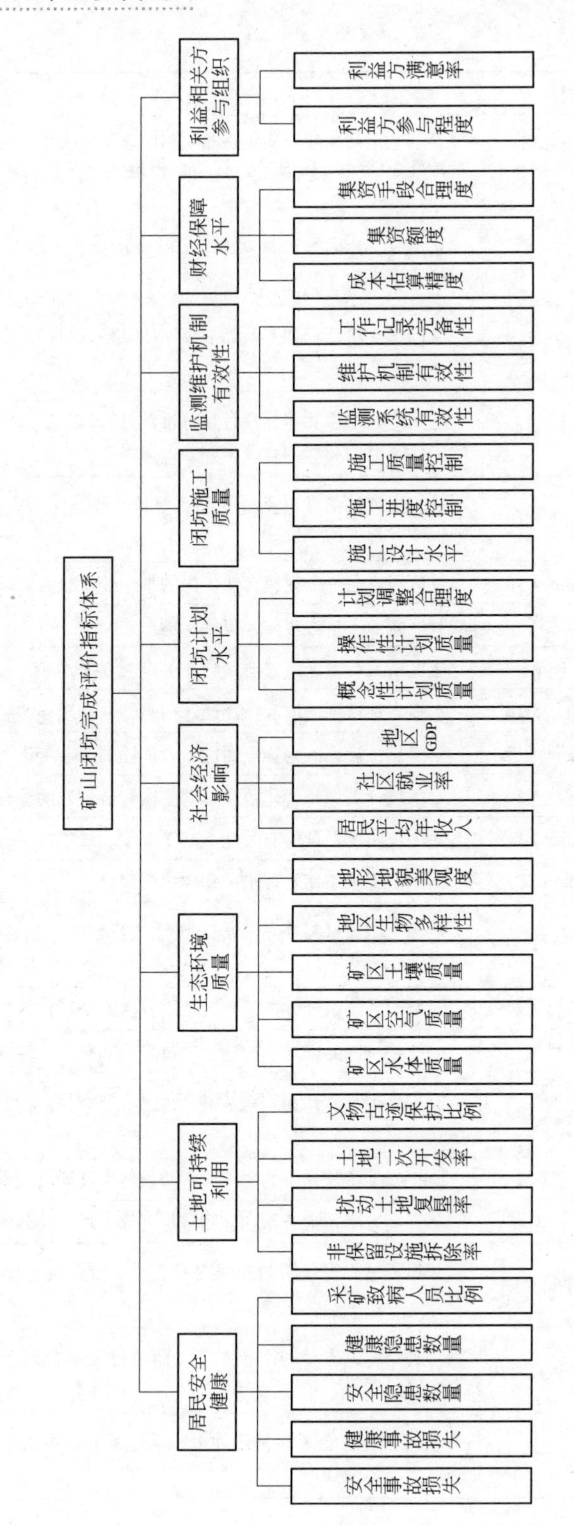

图5－1 矿山闭坑完成评价指标体系

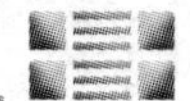

5.3.3 评价方法

可以结合具体需求，采用检查表法、德尔菲法、层次分析法或有关综合评价方法进行评价。评价过程中需要评价主体对矿山闭坑完成各指标表现进行评判，可以采用李克特五级量表给出评价表，见表5-2。

表5-2 某矿闭坑完成评价基础指标评测表

（选择评价者认为最适当/最接近该指标目前状况或实现程度的评价项打√）

评级 指标名称	非常满意	较为满意	基本满意	不太满意	很不满意
安全事故损失					
健康事故损失					
安全隐患数量					
健康隐患数量					
采矿致病人员比例					
非保留设施拆除率					
扰动土地复垦率					
文物古迹保护比例					
土地二次开发率					
矿区水体质量					
矿区空气质量					
矿区土壤质量					
地区生物多样性					
地形地貌美观度					
居民平均年收入					
社区就业率					
地区 GDP					
概念性计划质量					
操作性计划质量					
计划调整合理度					
施工设计水平					
施工进度控制					
施工质量控制					
监测系统有效性					
维护机制有效性					
工作记录完备性					

续表 5－2

评级 指标名称	非常满意	较为满意	基本满意	不太满意	很不满意
成本估算精度					
集资额度					
集资手段合理度					
利益方参与程度					
利益方满意率					

6 矿山闭坑实践

6.1 闭坑概论

《闭坑概论》是2007年在Infomine的电子出版物上发表的概述报告，作者为A. Robertson和S. Shaw。他们顺应在21世纪“可持续发展”的理念在矿山开发中得到越来越多的重视与运用这一趋势，认识到“闭坑规划”和“闭坑后可持续利用规划”这两个概念将会也应该得到更多的关注，在这样的背景下，两人合作完成了《闭坑概论》。

报告主要内容包括对闭坑目标、闭坑计划编制步骤、闭坑计划周期评价、闭坑标准和指标、修复目标和措施、审计审查、责任交接和相关金融债券的介绍。

6.1.1 闭坑目标

在编制闭坑计划时，关键的几个目标需要被首先提出，它们直接影响闭坑计划的制订思路和最终成效。

6.1.1.1 闭坑计划的4大目标

闭坑计划的4大目标包括：保障公共安全健康；缓解/消除环境损伤；土地恢复原状或者其利用价值达到可接受的程度；通过矿山开发运营，提供可持续的社会经济效益。

6.1.1.2 目标的影响因素

对上述目标的潜在影响/决定因素有以下几点：

（1）物理稳定性。建筑、工程、井下开拓等结构稳定，消除一切危害公共健康安全的危险源，以及原材料对水陆环境的有害侵蚀。

（2）地球化学稳定性。矿物质、金属、其他污染物是稳定的，即有毒有害物质不会过量浸出或者转移到环境中，地表水和地下水质不能受采选活动影响。

（3）土地利用。土地必须恢复到以前的状态，与周围土地协调一致或是达到可接受的利用水平，而且需保持整体美观，其生态系统实现自维持功能。

（4）可持续发展。矿山开发需要促进社会经济可持续受益，采后的管理需要维持，并交接给后续的管理者/负责人。

6.1.2　闭坑计划的制订流程

闭坑计划的制订是以对现场环境资料的充分掌握为基础，在确定了矿山开发的方向后进行具体的措施、方案选择，如图6－1所示。

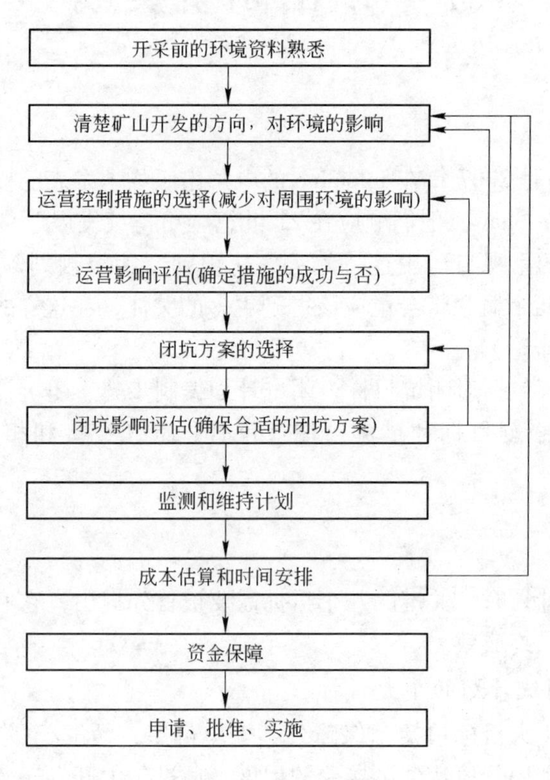

图6－1　闭坑计划流程

在每次措施、方案选择后都要对其进行评估，若之前确定的措施或者方案不合要求，则需要返回到前面的步骤，重新确定措施、方案。在闭坑方案评估通过以后，应该制订闭坑后的监测和维护计划，到此整个闭坑工作的主体形成，需紧接着对闭坑成本进行估计，并安排好资金提供时间表。需要注意的是，倘若成本估计过高，公司无力承担闭坑费用，那么之前制订的所有方案计划都没有现实意义，必须重新确定矿山开发方向，保证经济上的可行性。等上述步骤都通过检验，则需要确保闭坑资金的充足，然后向主管部门提出申请，等待审批，最后执行计划。

6.1.3　周期性评价

矿山的开发计划、经营计划和闭坑计划都需要达到设计标准或者符合管理部

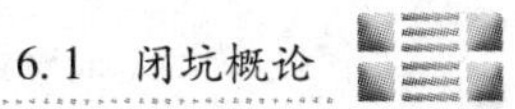

门制订的法规。在对这些计划进行改进时，工作人员需要持续地通过非正式风险评估，或者通过“故障模式影响分析”（Failure Mode and Effects Analyses, FMEAs），来检查这些计划是否达到了规定标准或要求，如果没有达到则需要对设计、计划进行改动调整确保相关设计和计划的实现结果能够达到标准。

FMEAs 主要是表征设计和运营中没有达到设计意图的风险，另外还有一些评估方法可以用来确认特定的矿山开发或闭坑选择是否合适，并且能表征计划的合理性与优化度。被大家普遍认可的一种方法是“多因素分析”（Multiple Accounts Analysis, MAA），它与其他评价机制，如环境评价（Environmental Assessment, EA），共同作用帮助用户选择最优的闭坑计划。

6.1.3.1 多因素分析

多因素分析是被用来从执行、财政、环境、社会经济等方面进行价值评估和影响因素管理的一种方法。在矿业领域中，考虑技术、项目经济效益、环境、社会经济等方面。

基本步骤：

（1）确定影响因子（从收益和代价两方面）。

（2）量化影响因子。

（3）分析评估影响因子的两方面，再结合其他影响因子做出优先顺序、比率、权重的结果。

6.1.3.2 闭坑计划的定期评价

随着矿区生产技术、储量水平、经济形势等因素的变动发展，需要对最初完成的闭坑计划进行定期检查，使其接受重新评估和修订，以确保该计划体现出时间性、相关性和优化性。具体评价模式如图 6-2 所示。

如图 6-2 所示，在顶端的循环中，通过 FMEAs 和 MAA/EA，用户可以不断地修正设计和计划，直到达到要求。FMEAs 是为了实现闭坑的风险最小化，MAA/EA 则是分析和权衡那些兼具高经济价值和深远潜在环境、社会影响的因素。值得注意的是，顶端的循环贯穿于矿山整个生命周期，在每一个阶段都需要进行至少一次对设计的评价修正，这样能有效保证计划的时效性和优化性。

6.1.4 闭坑标准和指标

标准是用来检查闭坑工作成果的，指标是具体的（半）量化参考，用来描述和检验下述问题：

（1）地表/地下水质和对环境的影响。

（2）此处长期存在的工程地质结构的稳定性和侵蚀程度。

（3）土地使用和整体美观度。

（4）从经济和社会角度对本地区经济发展潜力的不利影响和给下一代带来

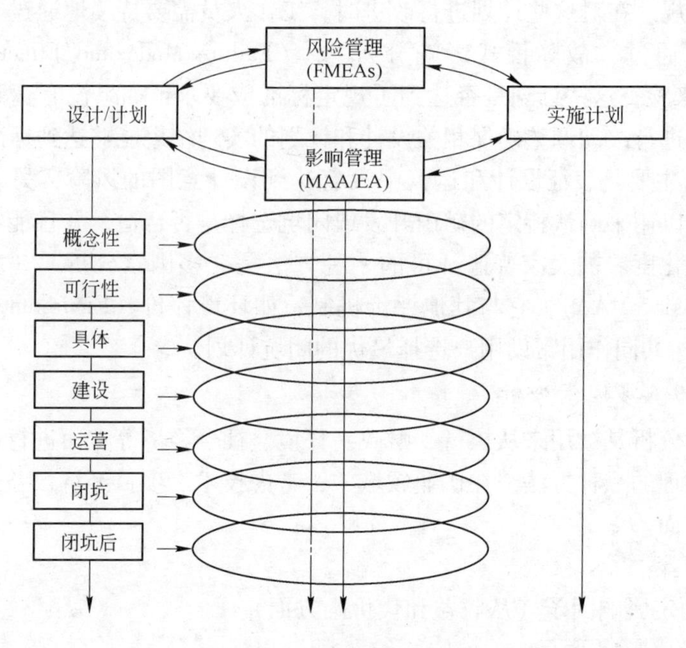

图 6－2　闭坑周期性评价

的长期负担。

（5）闭坑成本给矿业公司和金融利益方带来的经济影响（后果）。

具体指标举例：

（1）水质：味道、气味、颜色和国家制订的具体检测物标准。

（2）稳定度和侵蚀度：常以抵抗外力的能力作为标准，如百年一遇的自然灾害或极端事件。

6.1.5　修复目标和措施

这里提及的矿区治理修复目标主要集中在物理稳定、化学稳定、土地使用三个方面。物理意义上的稳定是指阶段间矿柱、露天坑边坡、地下开拓工程、尾矿坝、泄洪道、分流结构、排土场等结构保持稳定，消除了任何对公共安全和健康有害的物质、因素；化学稳定主要是针对地表水和地下水不受采矿和加工活动的影响；土地使用最终应该使修复矿区与周围地形地貌等协调一致。

这些目标所对应的解决对象包括：

（1）地下采场；

（2）露天坑；

（3）矿石、精矿、岩桩；

（4）尾矿坝；

（5）水系；

（6）建筑设备；

（7）废石/废物填埋区；

（8）基础设施/基建。

6.1.6 审计审查

审计审查是为了检查矿山设施（尾矿坝、废石场等）在安全、稳定和环境责任方面的状况，确认每种结构的三方面风险，并提出关于改进措施的建议以使设施三方面状况符合国际标准。

6.1.6.1 审计审查

审计审查内容包括：所有现场调查（地质、水文、水文地质、地球化学、环境、社会经济）、设计、施工计划、报告等信息的收集、审查和分析；现场和组成部门的检查；对运营历史、部门/设备、运营计划、管理系统、危机应对计划和闭坑计划的检查；对每一组成部门相关风险的确定；给出降低风险的建议、指出确认的问题；做出上述工作的总结报告。

6.1.6.2 审计（评估后果）分类

用合适的标度/等级来表示设计、建造、运营、闭坑以及其他重要管理项目的影响程度。

（1）极低的影响：无伤害或者无确认的健康影响因素、损失或者环境影响。

（2）低影响：只有较小的伤害、损失、小范围且暂时的环境影响。

（3）中等影响：预计到的伤害，中等范围内的可消除的健康或环境影响，中等损失。

（4）严重影响：严重伤害，可能有死亡，较大的损失，实质性但可消除的环境影响或者不可消除的中等环境影响。

（5）极端影响：高死亡率，极大的损失，大面积严重环境影响。

6.1.6.3 风险（管理）等级

风险管理的目的是：对目前系统/组成要素的状态给予一个存在着在目前和未来可能失败的风险评估。

在审计复查的过程中，工作人员可以将发现的风险情况，择其有用的内容传达给矿业公司和利益方，并使其明白降低风险的迫切性，并给予建议和行动（优先顺序、时间安排等）指导。

风险等级因素包括：现场特定的或者固有的风险；所采用的国际公认的标准、指导、方法（方法不同，风险不同）；设计、施工、运营人员能力和承受力；先期探明的储量；对意外行为的监测；可用的响应时间和方法；运营和风险管理。风险等级划分见表6－1。

表6-1 风险等级

序号	风险等级	标准/判据	风险管理
1	极低	失败带来的影响很小，或者设计、施工、运营采用的标准很高。只需要正常关注管理就可以应对	维持目前状态，并为未来进一步降低风险进行优化
2	低	失败会带来中等以下的影响，或者设计、施工、运营有可弥补的小缺陷。要求在部分改进的过程中增加风险管理内容	风险水平降至1，在改进优化方案中纳入降低风险的内容并实施
3	中等	失败会带来中等影响，或者设计、施工、运营有通过直接管理可弥补的中等缺陷。要求在改进过程中承诺风险管理	在一份专门的风险管理计划之下对设计、施工、运营持续改进，使其在实施时风险降低到可接受水平，应该计划降低到1
4	偏高	失败会带来严重的影响，或者设计、施工、运营有通过直接管理可弥补的较大缺陷。要求在改进过程中进行全面且坚定的风险管理。对改进的要求很迫切但不是最紧急	在一份专门的风险管理计划之下对设计、施工、运营持续改进。可能使其在实施时风险降低到可接受水平是不可行的，应该先实施补救措施再确定可接受的风险水平。如果还不可行，那么应该确定并实施专门的最小化风险措施。风险应该计划降低到1
5	高	失败会带来极端严重的后果，或者设计、施工、运营有不确定的大缺陷。要求在改进过程中进行高等级的专门且坚定的风险管理。改进弥补措施非常紧迫，甚至非常危急	在一份专门的风险管理计划之下对设计、施工、运营持续改进。可能使其在实施时风险降低到可接受水平是不可行的，应该先实施补救措施再确定可接受的风险水平。如果还不可行，那么应该确定并实施专门的最小化风险措施。风险应该计划降低到1

表6-1中基础风险水平1的具体标准是：现场特定的风险和固有风险是确定的，且被考虑进了设计、施工、运营之中。具体包括：

（1）设计、原材料、建设、运营方式与国际公认的标准、指导是一致的。

（2）设施的设计、建造、运行都是由合法、专业、有经验的人员完成。

（3）备有所有设施设备的参数（尺寸、材料、运行水平）、建造、使用情况等信息资料。

（4）设施设备的运行运转受到监测，并且检查出意外行为/活动的置信度很高。

（5）潜在不稳定和意外行为发展足够慢，使得可靠的补救措施可以充分实施。

（6）一个可靠、信息交流通畅的管理架构和程序存在，实施并控制所有设施设备的设计、建造、运营。

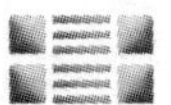

6.1.7 责任交接

土地利用目标包括：使土地恢复到未被人为活动扰动之前的原始状态；使土地利用状态等价于原始状态甚至优于原始状态。

具体来讲，在开发之后可将土地修复至原始自维持状态，或者先进行开发性利用。开发性利用可以是被动护理，如改建成牧场、林地；也可以是主动的工业建设开发，在这些利用进行完毕之后再进行修复治理，如图 6－3 所示。

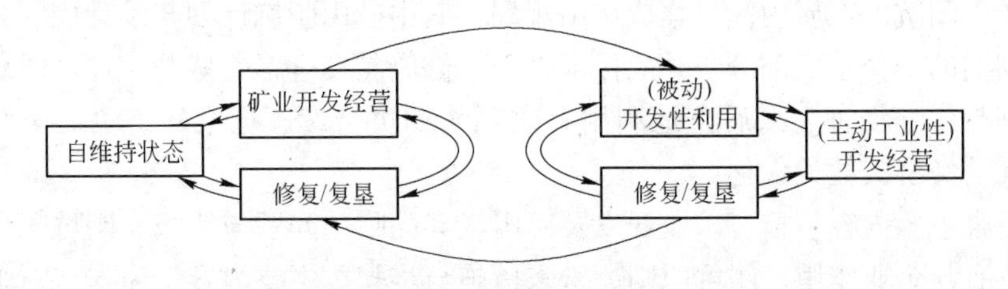

图 6－3 采后土地修复到自维持状态和修复到开发性利用状态

在采后土地不同的土地利用阶段，伴随着管理职责的转变，对于矿山的监管与处置责任义务在不断地变化和转手。实现每次成功职责传递的步骤如下：

(1) 建立项目（闭坑计划）目标；
(2) 建立一套（对于闭坑选择的）筛选程序；
(3) 建立一条闭坑行动线（实时调整）；
(4) 建立一套合适高效的闭坑指标和交接指标体系；
(5) 设立一套经济评估工具；
(6) 认识到与公众建立良好关系的重要性；
(7) 鉴别下一个接管人和对于复垦土地的交接机制；
(8) 如果有需要，建立应对土地其他利用可能的保障基金；
(9) 建立一套鉴别和转让剩余资产和负债的机制；
(10) 建立一套可进行独立技术审查/复查的机制。

6.1.8 闭坑债券

对于很多矿山，闭坑过程中和闭坑后对于资金的需求是迫切的，发行债券可以考虑作为一种融资渠道，只要操作得当，对于缓解财政压力很有帮助。

一般来说，债券发行的规模是根据第三方承包商对实施闭坑计划的需求资金进行估计得到的。债券的收益率可以定位一年 3%，债券的金额独立于公司规模和财政实力之外，但是债券的性质和管制机构则取决于公司的经济实力。

在国外，监管机构更偏向于要求独立的第三方金融机构进行债券的承销或者建立独立的信托基金，而不是让公司自身参与其中。

6.2　采矿与闭坑

《采矿与闭坑——可持续采矿与闭坑的政策、实践及指南》（Mining for Closure：policies，practices and guidelines for sustainable mining practices and closure of mines）是联合国“环境安全”（ENVSEC）项目的报告文件，于2005年出版发表。该项目由联合国环境规划署（UNEP）、联合国开发计划署（UNDP）、欧洲安全与合作组织（OSCE）和北大西洋公约组织（NATO）合作发起。

矿山闭坑的本质内涵是集成矿山规划，其中矿山闭坑计划与设计应该是项目生命周期的一个集成部分，并确保未来公共健康与安全不受威胁、环境与资源不受物理与化学损害、采后土地利用有效且长期可持续、社会经济负面影响最小化、社会经济效益最大化。

报告主要内容包括：矿业开发及矿山废弃面临的问题与挑战，闭坑工作与程序、政府与企业作用，闭坑原则、未来措施与步骤等主要内容，为支持对采矿活动的综合评估及风险消减提供了原则指导与实践指南。

6.2.1　问题与挑战

矿产资源开发会引发有害成分保留，对生态环境、公共安全和社会稳定产生较高与长远的风险，包括通过多种途径，对矿区周边社区产生深远影响。

报告以东南欧洲/蒂萨河流域为例，给出矿业开发与经济社会发展的共同特征：

（1）采矿对区域与国民经济具有重要贡献，当前及新矿业活动对未来经济仍具有关键作用。

（2）相关国家矿产资源丰富、开采历史悠久。

（3）该地区历史事故严重，特别是在1945年之后的时期，主要由于忽视环境和人身的安全，采矿和废弃物管理活动规范不足。

（4）相关采选活动的跨界污染风险与事例广泛存在、影响明显。

（5）相关国家状况受到20世纪90年代经济与政治环境变化、冲突及困难的影响，加剧了一些矿区的问题。

（6）迫切需要或即将加入欧盟的国家，需要符合欧盟的一系列环保、安全法规。

（7）应对采选活动与遗留问题（如问责及管辖权转移等方面的法律框架）仍处于发展与变动中。

（8）对于采掘业遗留问题的地球化学认知与污染场所记载，以及风险与认知程度等相对贫乏。

（9）支撑采掘业与指导跨界风险管理及灾害响应的制度能力不足。

（10）作为转型经济，可用于资助复垦、支撑受采掘业影响的社区社会福利、矿山闭坑等国家财政极小乃至没有。

报告还给出了导致该地区矿山弃置的原因包括：

（1）直到20世纪末，大多数国家关于矿山复垦的政策和法规缺失。

（2）即使是存在相关政策与法规，但执法不力。

（3）财政保障机制缺失，无法保证政府等方面提供修复企业破产与无能复垦等所需的资金。

（4）即使是存在相关资金，应对修复的财政保障也不足。

（5）不可预见的经济事件使得生产终止、公司破产，譬如金属价格下跌、采选冶技术或基础设施面临不可抗拒的困境等。

（6）陈旧的技术实践（如井探、坑探等没有得到回填）。

（7）冲突时期战略金属供给中断等国家安全问题，导致矿山活动迅速起始而缺乏闭坑要求或者作业持续性考虑。

（8）由于自然灾害、规制变动、非正常终止、政治突变与冲突等导致的矿山地表或地下挖掘工程数据的丢失。

（9）政治动荡、冲突导致一些矿山非正常终止。

（10）非法与手工小矿山开采，其往往会超挖侵占其他矿区导致采后不管。

可以看出，政府应为矿山的突然遗弃负责，一些矿山遗弃因素是可以避免的，能够通过健全机制予以预防。

6.2.2 闭坑工作与程序

从本质上讲，矿山闭坑工作、活动及程序包括：

（1）界定矿地远景与最后结果并提出具体设施目标。

（2）确保闭坑是项目生命周期的集成部分。

（3）在矿山开拓早期就准备矿山闭坑计划并咨询规制部门及当地社区。

（4）采矿作业计划中含有明晰的对当地社区环境、经济与社会方面的影响分析。

（5）考虑采前规划、建设、开采、闭坑直至采后护理等生命周期环节的检查与演化。

具体而言，闭坑过程还需要考虑：

（1）在目标中考虑其他利益方的关注点与参与。

（2）如果所有权还原给政府，确保制订行动计划。

（3）保存管理与地质记录。

（4）尽早明晰项目债权人对矿场的要求。

（5）关于当前土地所有权与未来土地所有权的法律法规。

（6）当租赁到期、他方想要取得地权时，维护保有权。

（7）要有足够的监管能力。

（8）持续研究测试策略与技术，并将结果与闭坑检查相结合。

（9）听取当地社区参与方面的观点与期望。

（10）保持公共与私有部门之间的沟通，改善闭坑政策与法规。

（11）持续探索用于清理、灾害响应和泄漏管理等方面的财政机制，对于遗弃矿山/矿场尤其如此。

需要强调，满足利益相关方期待是政府的职能，尽管利益相关方期待具有流动性而且未必代表整体利益。

6.2.3 政府与企业作用

从政府的角度讲，追求闭坑管理具有以下几个方面的作用：

（1）预防有害的环境和社会影响。

（2）降低违规风险。

（3）增进社区与土地所有权人等关键利益相关方的认同、减缓抵触。

（4）减轻矿山闭坑与修复的国家财政负担。

（5）降低采后巨额财务责任风险。

对于企业而言，采取最佳环境实践处理闭坑，具有更为重要的商业意义。无论是采矿过程中还是矿山结束后，相关效益不仅在于节省成本，还有诸多效益：

（1）在采矿作业过程中优化修复工作，而不是推迟到项目结束才进行，这样可以持续减轻财务负担。

（2）闭坑前就为修复成本预算奠定基础、预置相应财务与材料资源。

（3）有助于在矿山生命周期中对采后修复设计进行持续测试评估和信息反馈。

（4）通过避免废弃物重复处理等提高闭坑实施工作效率。

（5）能够同时优化资源回收与生态功能。

（6）减少排废、减轻土地扰动。

（7）能够识别风险隐患以便优先进行研究。

（8）作业人员能够直接参与以便取得修复结果。

（9）利益相关方特别是当地社区参与提出修复工作的首要问题。

（10）减轻场地责任，促进矿权释放与债券回收。

（11）减轻矿山作用对当地社区在环境、经济与社会等方面的影响。

（12）减轻与公共安全和环境隐患及风险相关的或有负债的暴露。

（13）降低违规风险。

（14）提高当地社区、土地所有权人等利益相关方的认同，减轻抵触。

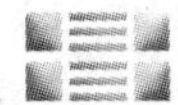

（15）改善从政府获取土地资源的能力。

（16）降低资金与负债保险成本。

（17）通过实施令当地社区满意的措施，持续地从社区得到反馈以改善经营活动。

6.2.4 闭坑原则

报告在管辖、政策和操作等方面提出了一系列原则，用于指导东南欧洲/蒂萨河流域地区生产与新建矿山管理，借以取得较好的可持续性与有效闭坑。这些原则包括：

（1）一致性。闭坑要求与程序应当在区域内保持一致，对于具有跨界风险的情况尤其如此。

（2）中央化。政府应当致力于独立的闭坑立法，设置单一实施机构。

（3）严格标准。立法应当严格实施污染者付费原则，确保矿山权人/矿主负责成功实施复垦。

（4）财务保障。立法应当做出规定，确保复垦的财务充足，对于新矿和生产年限较长矿山尤其如此。

（5）长期财务保障。在需要长期护理的条件下，应当确保长期护理与管理资金。立法应当明确规定，在特定的时候，可以减免矿山企业在矿区进行经营活动所需承担的税收等法定经济责任，以保证闭坑资金的充足。

（6）有限时间担责。在长期护理中，应该根据协议规定担责期限，由矿主护理到担责结束。之后，需要保险等长期财务机制。

（7）低隐患与经济性。采后隐患应当较低，生态系统应当与环境健康和人类活动相适应、经济可行，而不仅是天然可持续。应当采取措施应对和预防矿场持续污染。

（8）深思熟虑与灵活性。矿场目标状况应当从长期环境稳定的角度去细致考虑，但不能忽视社会与经济用途。要求恢复原状或使土地用途最大化，可能是不适宜的。管辖权应当灵活，因地制宜地设计出解决方案，考虑采矿作业类型、气候、地形、环境敏感性、社会需求，给出与可持续发展原则与目标一致的结果。

（9）协同性。应当探索相关参与方间尤其是能够以最低成本提供修复能力的参与方间的协同效应，对产业参与方提供激励，使其提供专长、设备、物资、人力等以支撑政府资金应对问题。

（10）弹性。应当求助创新、灵活与宽容的制度框架以保证免于潜在的财务负担，尤其是在一些情况下，这可以激励复垦与修复工作的多利益方参与。

（11）合理性。必须认识到，坚持避免极端偶发事件会强加过度成本，结果就会明显地降低投资激励。管辖方要求保障免于对环境造成损害时，必须采用合理解决方案。

（12）创造力。在矿山勉强获利或接近闭坑的情况下，要求设计创新机制。

（13）激励与税收。税收或者权利金制度应当认识到，财务保障机制对矿主强加了一定成本，应当予以平衡，确保可持续目标。

（14）面向可持续性。闭坑条件需要超越环境质量准则自身，包括其他重要因素、就业与社会结果以及长期资源护理。

（15）创新。政府应当创新矿场的经济产出备案，譬如，稳定排废、备选土地利用方案、基础设施重用、税收减记、二次开发利用等。

（16）面向服务。闭坑解决方案必须识别基本社区服务譬如医疗和学校等在闭坑之后能够继续的方式。

（17）包容。闭坑要求利益相关方的包容途径，考虑社区等利益相关方，包括区内乃至国际参与方。

6.2.5 未来措施与步骤

未来措施与步骤包括制度框架发展、风险控制手段和弃置矿场管理等方面。迫切需要发展的制度框架包括：

（1）根据本报告原则、欧洲与国际法规，建立跨本地区的详尽且一致的闭坑要求与程序。

（2）鼓励发展独立的矿山闭坑法，各国建立单一机构予以实施，确保法规与本国及本地区其他国家的相关法规一致。

（3）实施能力建设计划，强化国家机构与矿山监察机关应对矿山问题的能力，确保新矿业项目是基于健全环境与安全原理的。包括评估环境影响与风险的项目筛选能力、公共安全措施与应急准备同矿业项目审批发证相集成的能力、非活跃矿山及弃置矿山的处理能力、跨界风险管理能力等。

需要强化和拓展，借以推进风险控制和风险消减的活动与认可机构包括：

（1）参与多边官方认可或工作机构的建设，负责热点矿场修复计划和探求优先工作实施的国际资助。

（2）建立官方认可的工作机构，开展跨界风险评估与管理。

（3）扩展或建立跨界通告和灾害响应系统。

（4）扩展或建立监测计划与早期预警系统，评估长期污染和监测污染事件。

当前急需建立、借以推进弃置矿场修复和风险缓解的活动包括：

（1）对弃置矿山进行清查、确立优先级，确保公共与私有部门资金得以有效利用。

（2）探索伙伴关系潜力，修复弃置矿山，就环境健康而言，创造经济与社

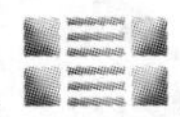

会价值。

（3）通过矿山修复示范案例，测试不同形式的伙伴关系和创新、灵活与宽容的制度框架，减免潜在财务负担。

6.3 加拿大矿山闭坑政策框架

《加拿大矿山闭坑及长期责任管理政策框架指南》（The Policy Framework in Canada for Mine Closure and Management of Long – term Liabilities：A Guidance Document）是为响应加拿大全国弃置矿山倡议的要求于 2011 年 11 月完成的，旨在为加拿大矿山闭坑及其长期责任管理的政策框架提出指导性建议，推动矿山执法，满足不同利益方（经营方、原住民、政府和 NGO 等）的需求，同时持续减少废弃矿山的数量及带来的影响。

6.3.1 加拿大矿山闭坑现状

《加拿大矿山闭坑及长期责任管理政策框架指南》在编写过程中，参编人员通过向加拿大矿业相关从业人员及企业发放调查问卷的方式整理归纳了该国在闭坑管理上法律、法规、政策和执行方面的现状，其中大部分现象已经延续几十年，并且很可能会继续存在。这些现象有的是存在的问题，有的只是单纯的状况介绍，主要有：

（1）执法机构以法律法规中对闭坑计划的要求作为执法标准。

（2）部分法律法规条文将“复垦计划”与“闭坑计划”等价看待。

（3）“一站式”审批还不全面。

（4）在审批时很多关键概念/法律意义没有定义区分。

（5）几乎没有在勘探阶段就要求进行闭坑设计的规定。

（6）大部分被调查者认为应该将运营矿山所有组成部分都纳入闭坑计划。

（7）复垦、恢复工作中关于与第三方发生冲突的风险很少被考虑。

（8）萨斯喀彻温省建立的关于闭坑后对矿山保持长期监管监测的机制和法规政策是截至 2010 年年底加拿大在此方面的唯一法规。

（9）对在资金和专业管理撤走后，闭坑后的矿山如何进行维护这一问题缺乏考虑，尤其是对已闭坑铀矿的维护和监测。

（10）对极端灾害的应对和应急资金储备等缺乏考虑。

（11）虽然部分法律法规允许进行闭坑担保，但是部分被调查者认为资金保障的方式还是不足。

（12）部分经营者采用电子数据表、计算机模型等工具计算闭坑资金，这样能保证与管理部门和投资者的一致性。

（13）并非所有经营者都利用净现值来计算闭坑后长期的维护和监测费用，

目前还没有被大家普遍了解的通用方法来计算这方面费用。

(14) 运营中的矿山对应急预案的重视远大于已闭坑矿山。

(15) 没有与应急预案对应一致的(补救)措施。

(16) 对原住民的考虑逐渐增多,部分法律法规专门增加了相关内容。

(17) 在采后土地恢复过程中,有时候原定程序会主观性调整改变。

(18) 部分矿山经营者无法接受获得了责任转移许可却没有或是仍不能免除环境责任这一事实。

6.3.2 加拿大闭坑政策框架

一个强有力的政策框架对矿业的健康、高效、公平发展,对闭坑和闭后长期维护管理体系的改善都是很有必要的。政策导向应该是发展“可持续矿业”,保证在全球市场中的持续竞争力,包括风险承受能力。

政策框架主体包括闭坑目标、闭坑计划、资金保证、闭坑后的维护监测、责任交接、部门管理、讨论协商机制等内容。

6.3.2.1 闭坑目标

闭坑目标的政策导向应该明确闭坑设计是持续一致地贯穿“从摇篮到坟墓”的整个矿山生命周期。其中关键是针对矿山采后土地的利用价值恢复:最基本的要求是使矿山土地通过闭坑后的治理与周围地形地貌协调,具有一定利用价值;而最理想的期望则是使其恢复到采矿活动前的原本状态。

6.3.2.2 闭坑计划

闭坑计划要求保证矿山停产之后的安全性(地质结构安全、公共安全等)、物理性质、化学性质稳定。所以制订计划的团队人员要具有全面的科学知识和一定的艺术修养,经验丰富,并辅以科学全面的评判机制。

6.3.2.3 资金保证

资金是推进闭坑工作的基础,对于闭坑来说,资金的形式和使用安排是制订政策时最需要考虑的两点。

资金的形式有两种:

(1) 缴纳全额现金。其特点是风险低,对矿山投资者的强制作用明显,但可操作性弱。

(2) 以保证金形式分期/延期支付。其特点是可以保证企业的经济效益,避免企业财政负担过重,可操作性强但风险较高。

政策法规需要充分考虑不同形式的优缺点,根据风险接受范围,企业财政实力进行规定安排。

资金计算和审查调整:资金的计算主要考虑资金的时间价值和贴现利率,同时需要定期对资金进行审查调整以应对通货膨胀、利率变动等情况。在法规中应

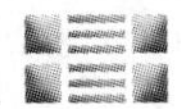

建议在专业财会机构的指导下进行相关工作。

6.3.2.4 矿山闭坑后的维护监测

进行维护监测的目的主要是为了保证矿山物理性质、化学性质的稳定。

在闭坑政策中需要明确：(1) 判断闭坑成功的标准；(2) 实施人和责任承担者；(3) 资金来源。

6.3.2.5 责任交接

所制订的政策需要保证责任交接时社会公众最受益，同时没有遗留问题和环境、安全风险。

6.3.2.6 部门管理

主管部门主要工作内容是数据的管理、资金的保障和闭坑工作的监管。

6.3.2.7 讨论协商机制

利益方参加的讨论协商需要贯穿整个矿山生命周期，每个阶段都需要明确责任，同时执法管理机构应该有一套独立客观的仲裁体系。

6.3.3 建议

为了避免废弃矿山带来更多的危害，可采取如下措施：

(1) 对闭坑后的政策、法规和管理机制发展改进给予更多重视，加强全国范围内的合作。

(2) 用法律法规促进管理与程序的完善和进步。

(3) 执法管理机构需要有一套可控的责任交接程序。

(4) 投资者交接矿山所有权和其他责任范围必须是无过失的。

(5) 执法管理机构可以根据自身的矿业政策和风险承受能力建立闭坑资金保障/分配体系。

(6) 提高成本估算与风险评估水平，增加融资选择。

(7) 执法管理中将主要的勘探活动考虑进闭坑计划进程。

(8) 管理中应该要求进行基线数据的收集，取样方法的实施和对酸性矿水排水（ARD）和其他污染物的监测。

(9) 加强（原本）未要求积极应对处理的矿山闭坑机制，比如对用来处理尾矿的自然湖泊的利用。

(10) 形成统一的风险评估机制，这对执法管理有好处，能够增强矿山长期管理的确定性和统一性。

(11) 适当控制土地使用，绘制人口增加和规划的图表，并将上述工作与其他辖区管理系统结合，有计划地使用土地。

(12) 为了消除闭坑失败的潜在可能，要通过风险评估确定潜在风险，并制订统一的应急计划。

（13）执法机构可以通过公布计划以增强社区志愿者和其他利益方对项目的参与度和透明度，志愿者的参与有助于对矿山的长期监管，同时应设立相关法律对其进行保护。

（14）执法机构应该有一套健全的检查和强制执行措施，以支持法律法规的执行，确保闭坑资金的投入。使上述措施适应矿业公司的发展，改进矿产开发过程中的环境保护政策，能够降低风险，提供好的实践。

6.4 西澳矿山闭坑计划指南

《矿山闭坑计划指南》（Guidelines for Preparing Mine Closure Plans）是由西澳政府矿山与石油部（Government of Western Australia Department of Mines and Petroleum，DMP）和环境保护部（Environmental Protection Authority，EPA）于2011年联合编写完成的，旨在为编制符合西澳政府法规的矿山闭坑计划提供全面详实的指导。

在实际问题的应对过程中，矿山与石油部（DMP）和环境保护部（EPA）意识到闭坑计划是一个循序渐进的过程，计划需要随着矿山生命周期的推进而不断调整和检查。越临近停产闭坑，计划中包含的信息内容就应该越具体详细。

所以《矿山闭坑计划指南》基于"闭坑计划应该成为矿山整体规划的组成部分"和"在矿山开发可行性研究阶段开始制订闭坑计划"这两大基本原则，围绕闭坑计划制订的原则和闭坑计划包含的内容展开。通过系统研究和分析，《矿山闭坑计划指南》建立了西澳的矿山开采闭坑规划、利益方参与、财经保证、标准及指南规范等机制。

6.4.1 闭坑计划制订的原则

矿山闭坑计划的编制应该考虑各地、各矿具体的情况，但是基本都需要满足以下关键原则：

（1）及早计划。在可行性研究阶段开始考虑闭坑计划。

（2）符合整体规划。闭坑计划的编写调整贯穿整个矿山生命周期，不断调整，直至停产。

（3）因地制宜。矿山企业需要结合自身技术与经济实力，矿区的气候、水文与地质条件，矿区周围社会发展情况，以及当地政策条件等一系列特征因素编制合适的闭坑计划。

（4）注重潜在风险。结合当地环境、气候考虑建设生产材料带来的风险，潜在污染物的暴露途径和受体，以及潜在污染带来的各种风险。

（5）协商。充分考虑与各利益方的会商，会商的结果应该成为规划的核心。

（6）科学利用土地。对于闭坑后土地的利用要结合项目实际、管理水平、

利用目标，经会商同意后再最终确定。

(7) 细致。对于闭坑中涉及的各种材料的表征要具体细致（如产酸、色散、放射性、纤维材料），以保证闭坑计划的可行性。

(8) 可操作性。闭坑计划需适于管理，充分吸收经验，便于实施。

(9) 注重监测维护。闭坑计划还应包括闭坑之后对闭坑效果的监测维护与记录管理。

6.4.2 闭坑计划内容

一份科学全面的闭坑计划应该包括以下内容：

(1) 矿山项目规划介绍。对矿山的历史背景、现有的运营情况和未来发展规划的介绍。重点提供的信息有：矿山土地的所有权、居住权、采矿权、联系地址等；地图上矿山地点、矿体范围位置的注释；确定受采矿活动影响的区域范围，矿权边界和未来受采矿影响的区域。

(2) 闭坑责任分工。合理安排闭坑工作和之后的修复/复垦工作的分工，明确责任。

(3) 闭坑数据的收集、分析。进行数据收集和分析的目的是：建立当地可接受的闭坑目标，设立闭坑监测的底线标准，确认闭坑过程中的管理内容。

数据主要包括环境数据和其他数据：

环境数据主要有：

1) 本地气候和未来气候；

2) 本地地理条件（地质、水文、地震等）；

3) 本地自然环境信息（动植物、群落、栖息地等）；

4) 本地水资源/水系情况（水文、水质、水量、位置等）；

5) 土质和废弃材料（土的结构、可溶性、侵蚀度、有害物质的生物利用度等）。

这些数据在收集的过程中需要保证收集的持续性和数据的关键性。

其他数据主要是指对闭坑决策能产生一定影响或参考的信息，如：

1) 空间数据；

2) 地形空间的设计和建造；

3) 可用于采后修复的材料的可利用性和容量（针对废石、低渗透黏土等）；

4) 采后修复所需物资材料的堆存管理信息；

5) 对闭坑后长期（环境）影响进行预测的数学模型；

6) 其他矿山的闭坑经验；

7) 复垦使用的草种、树种。

(4) 利益方会商。利益方有内部和外部之分，内部利益方指矿山领导、设计师、工程师和员工；外部利益方指上级部门、地方政府、土地所有权人、当地居民、NGO 等。闭坑会商中的关键利益方为上级监管机构和土地所有权人。

会商的原则是：对利益方的确认无误；会商应囊括所有利益方，并贯穿整个矿山生命周期；要有目的明确的沟通策略；要有充足的资源/信息保障，确保各方对会商各方面情况的了解；与当地社区合作，掌控潜在的影响因素。

（5）土地利用。土地利用的原则包括：

1）与矿区环境相符；

2）在土地的本身的功能性之内；

3）获得关键利益方同意；

4）符合本地生态环境的可持续发展。

在满足上述原则的前提下，对于闭坑后土地利用的选择有：

1）尽可能恢复到原本生态环境之下的状态（原生态）；

2）恢复到采矿活动前的土地利用状态；

3）采用一种比采矿活动前的利用方式更有效益的方案；

4）采用一种与采矿活动前的利用方式不同方向，但效益等价的方案。

需要注意的是，经营者无论采用哪种土地利用计划，都需要保证土地的可持续利用。

（6）闭坑工作中的主要问题。闭坑工作中涉及的事项繁多、复杂，工作中遇到的一些关键问题会对闭坑进度与完成质量产生重要影响。在闭坑工作中应该重点关注、管理和应对的对象包括：有害物质，不安全设施设备，受污染的场地，酸性矿坑水/含金属废水，放射性物质，纤维/石棉状材料，非目标金属/目标金属在矿山中的残留，矿区湖泊与水区的管理，对地表水/地下水造成的不利影响，地表水管理/排水结构的设计维护，烟尘排放/噪声污染，动植物多样性，市容美化，矿区内遗产古迹的保护。

（7）闭坑目标和评价标准。闭坑计划的一般性闭坑目标主要应包括：公众和动物的安全，地质结构稳定，无化学污染，可持续的后续土地利用。

判定标准主要是用于检验闭坑成果，衡量闭坑责任人是否保质保量完成闭坑计划/报告的所有内容，从而确认责任人是否已经完成闭坑工作。闭坑标准的制订和改进完善要符合矿山项目的发展现状，满足各利益方可接受的最低环境、安全标准。标准主要是从闭坑完成后矿山设施结构（地下工程、露天坑、建筑、尾矿库等）的物理稳定性与安全性、化学稳定性与安全性和土地利用情况进行制订的。

（8）财经保障。为了确保闭坑实施能有足够的资金，矿山企业需要尽早估算闭坑成本，预留部分资金，分担闭坑工作正式进行时的财务压力。闭坑成本估算作为最重要的一环，它需要考虑到矿山闭坑和治理修复的所有活动。费用主要

 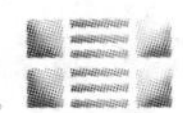

包括：土方工程和景观治理，废弃有害材料的处置，闭坑之后的水治理和水排放，必要的研究和试验，基础设施的退役和清除，污染治理，矿区环境恢复和复垦，闭坑之后的监测和维护，持续进行的利益方协商开支，管理成本，意外/暂时性闭坑的维护，对土地进行其他功能性改造的投入，其他意外、极端条件下的闭坑花费。

其中，最后的三个方面不属于一般性花费，但在闭坑计划中确定所需成本时需要进行考虑以防万一。

（9）闭坑的实施方案。科学的闭坑实施方案，需要明确以下内容：闭坑工作开展区域（包括区域面积，水文、地质状态，估计期限）；土地利用目标，闭坑完成的判定标准；治理/修复日程安排；闭坑所需材料的管理（表层土、废石等）；数据的收集监测和管理；受污染区域的管理；闭坑效果的监测与维护日程安排。

（10）闭坑后的监测与维护。监测与维护是闭坑主体工程完成之后的必要工作，是检验闭坑效果的必要手段，是采后矿区安全与稳定的重要保障。

对于监测维护方案设计的最低要求是：采用可接受的方法和标准；更广泛地考虑对环境的影响、受体和暴露途径；在取样分析，上报结果时要结合适当的质量控制体系（如ISO9000）；基于统计分析找到发展演化趋势；提供干预、应变策略/预案。

此外对于监测工作，还需要注意：监测的结果需要及时准确上报给管理部门；监测与维护工作一般要持续到闭坑完成之后5~10年甚至更长的时间。维护工作除了保障矿区日常安全稳定外，还需要在出现闭坑效果未达标或者突发情况时采取有力补救措施。

6.5 南非闭坑立法框架

《南非闭坑立法框架》（The South African Legislative Framework for Mine Closure）于2003年10月发布于《南非采矿与冶金学会杂志》（The Journal of The South African Institute of Mining and Metallurgy），文章主要概括了目前南非闭坑立法框架，其中着重介绍了《矿产与石油资源开发法》（Minerals and Petroleum Resources Development Act）相关内容，还提到了政府在闭坑工作中的角色和责任，以及当时南非闭坑混乱的状况。

6.5.1 政府角色和责任

在南非，中央和地方政府在矿业领域扮演着关键性的角色，也承担着全局性的责任：

（1）角色。矿山遗留问题责任的最终承担者；采掘业的调整/改革者。

（2）责任。依据宪法监测和保护环境；为公众的安全、健康负责；推动矿业、社会和环境的可持续发展。

6.5.2 其他利益方责任

其他利益方包括：探矿权人和采矿权人、矿山管理者、矿山员工、矿山股东、受影响的社区（包括土地所有人、当地管理部门、商业/服务业提供者、社会团体和NGO等）。

他们在闭坑工作中所承担的责任主要是由矿产法中的相关条款和其他一些适用法律规定的。

6.5.3 南非闭坑现状和问题

南非当前的闭坑原因、情况多种多样，造成了混乱复杂的局面，目前该国闭坑的情况种类有：

（1）通过获得闭坑许可的正常闭坑；

（2）暂时性闭坑；

（3）有条件闭坑；

（4）矿山局部闭坑；

（5）政策性闭坑；

（6）离岸闭坑。

存在的问题主要有：

（1）矿山被废弃、遗弃情况严重；

（2）不负责的公司将其环境、社会责任推脱给其他公司；

（3）无法查找矿山的所有人。

6.5.4 南非闭坑法律框架

南非依据多部法律实施对矿山开采、排废、闭坑和采后管理进行规制。主要有：

（1）《宪法》（Constitution，1996）。该法为宗旨性法律，明确提出“每个人都有在健康、安全的环境中生活的权利”。

（2）《国家环境管理法》（National Environmental Management Act，1998）。该法为环境保护方面的宗旨性法律，提出了“谁污染，谁治理”的原则。

（3）矿业专门性立法。主要有《矿产法》（Minerals Act，1991），规定尽早开始闭坑规划，尽早确定闭坑后土地的利用目标，以便采用合适的采矿方法、结构以及进行中期修复；《矿山健康与安全法》（Mine Health and Safety Act，1996）。

（4）其他相关法律。《国家水法》（National Water Act，1998），目的是保护

水质，对矿区水系的规定涉及污染防治、水的再利用、水的净化和水的排放；《大气污染防治法》（Atmospheric Pollution Prevention Act，1965），对粉尘等污染物的排放标准提出了要求；《核能源法》（Nuclear Energy Act，1999）对放射性矿山的开采和采后处置提出了明确要求；《矿产与石油资源开发法》（Minerals and Petroleum Resources Development Act，2002），对资源勘查与开采采用了全生命周期的处理途径，系统地考虑经济、社会与环境成本，以期实现矿产资源的可持续供给及利用。

这些法律中主要规定了与闭坑相关的如下内容：

（1）明确了国家承担的责任：

1）为当代和后代保护环境；

2）保证经济、社会、环境的可持续发展；

3）促进社会经济发展。

（2）规定了综合环境治理和补救责任。

（3）具体要求了闭坑目标的制订、闭坑后土地利用和成本估计。

（4）规定由国家、省、地方共同参与，对闭坑进行决策。

（5）明确了由财政拨款整治环境损害。

（6）规定了对尾矿、废石的处置和管理（结合整个矿山生命周期）。

（7）规定了对闭坑后的失业和宜居问题的处理办法（实行社会劳工计划）。

（8）要求提交环境风险报告。

（9）规定了对遗留设施的处理方式。

上述法律中均不同程度地涉及闭坑。通过纲要性法律（《宪法》、《环境管理法》）和专门性矿业法律（《矿产法》、《矿山健康与安全法》）配合，加上其他领域相关法律（《水法》、《核能源法》等）对一些交叉情况的补充规定，南非关于闭坑的法律条文总体是比较合理、全面的。

6.6 纳米比亚矿山闭坑框架

纳米比亚有着上百年的采矿历史，但过去二三十年，这个国家在环境和社会发展上都受到了未进行闭坑的大量废弃矿山带来的后续影响。截至2010年，纳米比亚全国共有超过200座矿山处于无人负责的废弃状态，给社会、环境、人民健康带来危害，而矿区治理所需的费用也不得不由政府全部承担。

鉴于上述状况，纳米比亚矿业商会（Chamber of Mines of Namibia）于2010年5月组织完成了《纳米比亚矿山闭坑框架》（Namibia Mine Closure Framework）报告。报告主要内容包括现有政策法律介绍、利益方参与、计划的编制、财经保障探讨、闭坑实施和闭坑后责任交接问题。报告目的是为设立大中型矿山最低闭坑标准提供参考意见，为制订实用、经济的闭坑计划提供指导。

6.6.1 政策与法律

6.6.1.1 政策

纳米比亚从20世纪90年代起，就制订了一些涉及矿山闭坑的国家性政策，主要有以下几部：

（1）《纳米比亚矿业政策》（Minerals Policy of Namibia，2002）为该国矿业发展提供原则性指导和直接管理，适用于大、中、小型矿山及海洋采矿。具体涉及闭坑计划的制订、土地使用协商、解决环境问题的融资机制和矿山企业的社会责任。

（2）《纳米比亚促进可持续发展和环境保护环评政策》（Namibia's Environmental Assessment Policy for Sustainable Development and Environmental Conservation，1994）主要是通过积极的行政和立法方案实现统一环境管理，以确保在照顾长远环境利益的同时促进可持续发展和经济增长。其中规定了矿山经营者必须签订具有约束力的贯穿矿山生命周期的协议，保证经营者的环保工作得到各利益方认可并通过环境评价。

（3）《纳米比亚矿业领域综合环境评价指南》（General Environmental Assessment Guidelines for Mining（Onshore and Off - shore）Sector of Namibia，2000），主要在环境评价准备期间给矿山开发者提供帮助。

（4）《保护生物多样性和栖息地政策》（Policy for the Conservation of Biotic Diversity and Habitat Protection，1994），旨在保护物种和其栖息地，虽然没有明确针对闭坑的内容，但其中提高了所有的开发活动都必须是可持续的且通过了环境评价。

6.6.1.2 法律

《矿法》（The Minerals（Prospecting & Mining）Act，1992）是纳米比亚矿业领域的纲领性法律，其中提到的与闭坑相关的内容有：闭坑申请程序和注意事项、闭坑规定内容、闭坑中对环境保护和污染防治的规定、未闭坑的惩罚措施等。

除了针对性法律之外，纳米比亚法律体系中的其他法律也在不同方面对闭坑涉及的内容作了补充规定。

《水法》（Water Act，1956）没有专门针对闭坑的规定，但是其中要求了对水资源的长远保护。如：达不到排放标准的废水必须经过部长同意才能继续排放。

《大气污染防治法》（Water Act，1956），根据规定，矿山负责人必须在闭坑前提交一份粉尘防止和管理计划，负责安全健康的官员将会检查矿山是否根据计划做好充分的防尘准备，若未通过检查则不能进行闭坑。

《劳动法》（Labor Act，1992）主要关注员工在某些情况下被停止聘用领取遣散费和补贴的情况，纳米比亚矿业商会所有会员都必须遵守《劳动法》。

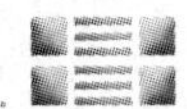

6.6.2 利益方参与

矿业公司期望通过一种对社会和环境负责的方式运营业务，而对社会和环境负责内容的界定则需要在整个矿山开发生产前中后期受影响的各方的参与。

（1）利益方参与所带来的好处。利益方参与能够改进闭坑计划，促进与政府部门的合作，优化闭坑决策，强化企业监管，提高社区对未来矿产开发活动的接受程度。

（2）利益方的界定。矿山闭坑相关利益方指的是那些潜在将会受到闭坑影响以及影响闭坑进程和结果的对象。清晰界定关键利益方并与之建立良好的关系是成功闭坑的基础。

利益方内部包括矿业公司员工、管理层和公司股东；外部包括社区（比如当地各行业业主、土地所有权人、NGO 等）和政府（部门、机关、国有企业）。

（3）与利益方会商的要点：

1）及早性。在矿山规划早期就应该让利益方参与，并一直随矿山生命周期持续下去。

2）针对性。在与利益方的沟通过程中，矿业公司需要明确反映出利益方的需求。

3）透明性。闭坑相关信息要及时全面向利益方公布以便其及早应对。

4）保障性。充足的人力、资金保障，确保利益方的诉求得到合理实现。

另外，对于社区来讲，尤其是对依赖于矿山的社区，矿业公司需要提前公布准确的闭坑日期，并着手与社区合作为闭坑之后的社区发展做好准备。主要是提供机会，扶持不依赖于矿山的中小企业，支持当地有影响力的行业，尽量使闭坑对社区的不利影响最小化。

6.6.3 计划编制

一份合理的闭坑计划应该在矿山可行性研究和设计阶段就着手编制（在获得环境和采矿许可的前提下），否则矿山的开发运营就是在不考虑闭坑的情况下进行的，到时候匆忙安排闭坑就会增加矿业公司的闭坑风险和支出，矿区治理修复计划也就随之滞后。

闭坑计划应当随着矿山生命周期的推进不断得到改进和调整以适应矿山面临的实际情况，并且随着时间推移，计划中的内容应逐渐具体化，增强可操作性。

6.6.3.1 闭坑计划的目标

（1）为闭坑将会引起的就业问题做准备。

（2）了解闭坑带来的风险，并为降低对社区和相关产业带来的不利影响做准备。

（3）通过安全、负责的闭坑手段保护公众健康安全和环境。

（4）消除或减小矿山停产之后对环境造成的不利影响。

（5）创造与预先确定的矿区最终用途一致的条件。

（6）通过实现矿区受影响区域的物理、化学、生态稳定减少对闭坑后长期监测和维护的需求。

6.6.3.2 闭坑计划的改进

闭坑计划虽然是在矿山可行性研究阶段就着手制订，但并非“一劳永逸”，随着矿山的开发、生产，将会面临很多新的情况和问题，这就需要对闭坑计划进行不断的调整改进以应对现实状况。闭坑计划的改进主要集中在以下方面：社会计划（针对员工和社区）；矿区逐步治理修复计划；矿山停产退役计划；矿区最终治理修复计划；闭坑后矿山监测计划；详细的闭坑成本。

6.6.3.3 闭坑计划涉及内容

纳米比亚长期的矿山废弃和社会分裂现状使得该国在闭坑计划编制时应当考虑以下内容：

（1）劳动力，包括裁员、换岗、再培训和鼓励进行替代性经济活动的支持基金。

（2）相关社区的可持续发展，矿业公司支持社区进行社会转型，发展新的经济增长点。

（3）矿区退役，包括矿区基础设施的拆除和用途转变、废物的清理和处置、矿区安全的保证。

（4）矿区治理修复，在开采中和停产后进行治理修复，实现各方都可接受的目标。

（5）闭坑后的监测与维护，不仅限于生物、物理参数（受影响的人、动植物和环境），应当包括实现社会经济目标的进展情况。

6.6.3.4 其他

闭坑计划还需要涉及风险管理的内容，以减少闭坑中的不确定性和开支。而随着经济形势变化、新技术应用、法律法规变动等情况的出现，需要对闭坑计划进行定期严格审查（如3~5年一次），确保计划的可行性。同时，闭坑计划的完成标准也要得到各利益方认可。

6.6.4 财经保障

1999年，纳米比亚政府规定了“污染者付费”（polluter - pay）的原则，政府不再承担环境责任，只负责立法和执行。所以，重中之重是落实融资机制以保证足够的闭坑资金来源。在融资机制的研究中，需要理解，闭坑所用的资金应该是真正存在银行随时可以兑现的钱，不仅是在资产负债表上，在环境修复过程

中，公司可以有自己最优最合适的资金运转方式；但是对于最终闭坑来讲，需要企业和政府共同的努力，建立一个独立的基金。目前信托基金在纳米比亚是首选。

无论融资机制如何，闭坑成本估算都是核心内容。对于成本估算工作，应该及早开展，进行周期性审核，对应及时调整闭坑方案和计划，避免闭坑开始时产生的意外成本，同时要满足其他法律规定的涉及闭坑的最低资金保证。

闭坑成本估算时考虑的基本内容：

（1）员工成本。包括裁员补偿，提供新就业机会开支，再培训开支。

（2）社会层面（相关社区）。退出，即不再支持社区给予的补偿；社会转型，改变社区经济发展方式。

（3）拆迁、修复费用。包括因基建设施的清除、改造等产生的开支，以及生态恢复开支。

（4）闭坑后的监控与维护。包括环境监测、现场管理；根据执行过程的不断反馈调整，系统持续地调整改进政策和实践。

（5）项目管理。项目管理主要考虑矿山停产后的成本管理。

另外，要对估算的成本进行定期审查调整，主要原因如下：

（1）通胀和成本的上升。

（2）法规上的变动。

（3）技术的改进。

（4）矿山生产计划/整体规划的变动。

（5）利益方期望的变化。

最后对闭坑计划中的成本估算进行独立审计，确保可行性。

6.6.5 执行

执行中需要考虑以下几点：

（1）明确责任，从专业、经验、动力、责任感考虑。

（2）明确的目标和时间表。

（3）确保足够的人力资源和财政资源。财政资源包括闭坑成本估算足够精确，项目开始时足够的预留资金、伴随着闭坑的进度足够的对应资金。

（4）闭坑措施采取之后持续的管理和监测。确保社会经济的稳定，受扰动区域的免维护使用；量化要求以便分配责任。

6.6.6 责任交接

闭坑效果达到预期或者管理部门要求，则矿山的维护责任可以转移到随后的业主、管理部门身上。闭坑效果需要通过一份评定标准进行检验，标准的制订基于与利益方商量的结果、研究调查的结果、根据现场具体情况期望的社会-经济稳定要求和修复后土地使用要求。

纳米比亚法定的责任交接批准生效流程如下：

（1）记录闭坑实施过程；

（2）通过矿山闭坑审查审计；

（3）明确剩余债务与责任承担方；

（4）下发闭坑鉴定给许可人；

（5）当局备份鉴定；

（6）转达闭坑鉴定的签发信息给各利益方；

（7）留存记录，完成交接。

但是目前纳米比亚国内责任交接仍存在问题：责任交接量、保留量不明确，各方责任无法准确界定，需要后续解决。

6.7 ICMM 集成闭坑规划指南

《集成矿山闭坑规划指南》（Planning for Integrated Mine Closure：Toolkit）是由国际矿业与金属理事会（International Council on Metals and Mining，ICMM），包括力拓（Rio Tinto）、必和必拓（BHP Billiton）、英美资源集团（Anglo American）、淡水河谷（Vale）等全球顶级采矿与金属企业，自2006年起共同制订并实施的一部矿山闭坑指南，在全球矿业可持续发展及社会责任等方面产生了重大的积极影响。

指南主要内容包括闭坑利益方的确定，概念性和具体闭坑计划框架介绍，退役和闭坑后的规划以及面临的问题与挑战，和最后13种闭坑因素的简介。

6.7.1 闭坑利益方

一份有效的闭坑计划汇集了内外利益方的意见、关注、期望、努力和知识，有益于矿业公司经营，能帮助社区发展。

内外利益方参与应当以适当的参与频率贯穿整个矿山生命周期，利益方的参与或许并不能在闭坑结果上产生一致共识，但只要能促进对闭坑的明智决策，那么利益方参与就是成功的。

6.7.1.1 外部利益方

为了实现在地区层面上的利益，外部利益方的意见必须被考虑和重视。为了使这些利益方获得利益，矿业公司或者矿山经营者需要识别外部利益方并与他们建立双向交流机制以明确利益内涵。一些有用的方式手段有：

（1）利益方参与。根据加拿大勘探者与开发者协会的研究，社区参与的主要内容有社区影响评价、社区剖析、差异分析、积极倾听、风险交流、合作与

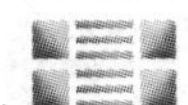

促进。

(2) 社区发展。主要包括涉及评价、计划、关系经营、方案管理、社区发展监测计划的一些方法。

确认外部利益方应依据对下列疑问的解答：本地哪些人会受到矿山建设开发的直接影响，本地哪些人会受到矿山建设开发的间接影响，哪些当地或外地的人会被支持矿山建设和开发的上游活动间接影响，哪些人能影响到项目的产能或者经营许可证的发放监管，哪些人对项目感兴趣。

这些问题的答案就是闭坑规划时需要考虑的外部利益方。

6.7.1.2 内部利益方

有效的闭坑计划分为三个阶段：概念性闭坑计划、具体闭坑计划、闭坑后计划。在各阶段，内部利益方之间的需求都是确保兼顾到闭坑事宜的矿山经营的基础。

6.7.1.3 平衡各方的期望和意见

了解各方的意见和期望，并与利益方一同协商产生平衡、现实、可操作的能被相关方资助和支持的闭坑结果是闭坑计划的关键。

闭坑的环境结果需要依赖矿业公司进行专业的概念化和准确传达，闭坑的社会结果传达则由政府和社区扮演重要角色。社区可以负责检验闭坑后社区的发展状况，各级政府则为闭坑后经济发展、文化和社会间的问题、社会的可持续发展提供意见看法。

6.7.2 概念性闭坑计划框架

概念性闭坑计划框架内容包括：风险/机遇评估、闭坑目标、监测和评估、闭坑成本、计划的更新。

6.7.2.1 风险/机遇评估和管理

该项内容涉及 6 种风险，包括健康与安全风险、自然环境风险、社会风险、名誉风险、法律风险和财政风险。

在概念性闭坑计划中的风险评估应当确认那些能增加闭坑风险或者减少闭坑收益的潜在因素，这些因素将被作为风险因素在目前和后续阶段得到监控。

6.7.2.2 闭坑目标

目标的设定需要通过各利益方参与协商产生，并符合矿业公司和社区的长远利益。

6.7.2.3 监测与评估

概念性闭坑计划应确定监测方案类型包括两部分：环境监测和社会经济监测。它们都需要设定：

(1) 基线条件;

(2) 因环境和社会发展(与采矿活动无关)可能引起的量化改变;

(3) 受采矿活动影响发生的量化改变;

(4) 可以衡量目标进展情况的方法;

(5) 可以验证目标实现的标准。

6.7.2.4 闭坑成本

在概念性计划阶段,闭坑成本只需要大致估算,可以用一个数值范围表示大致成本,但更好的方法是用概率表示,这样让计划制订者清楚超支的可能性。

影响成本的因素很多,但重点是对闭坑成本进行风险管理,并且让成本估算和管理过程更加透明。

6.7.2.5 闭坑计划的更新

闭坑计划需要及早制订,但是随着一些因素的发展改变,需要对其做出适当调整更新。概念性闭坑计划应该在以下时间节点进行更新:预可行性研究开始时;可行性研究已经获得了基线信息和预期影响信息时;实际施工后。

6.7.3 具体闭坑计划框架

具体闭坑计划框架内容包括闭坑目标、实施计划、闭坑成本、具体计划的更新、长期和短期设备、突发性闭坑、应用。

6.7.3.1 闭坑目标

具体计划的闭坑目标与概念性计划的不同之处在于目标内容应该更具体,并且阶段性成果更明显。每一项具体目标都应该有进阶目标以便对目标实现进程进行追踪,而对进阶目标都要求有客观的手段确认是否达成。

一份具体的闭坑计划应当明确:有针对性的目标,有针对性的进阶目标,验证所有目标和进阶目标的指标,以及获得这些指标的方法。

6.7.3.2 实施计划

针对每项目标的实施计划是具体闭坑计划的骨干。实施计划应当包括以下要素:实施内容,实施时间,负责人,所需资源,所需开支。

6.7.3.3 闭坑成本

计算已知目标或要素的闭坑成本,其精确程度取决于掌握的信息量和不确定的信息量。用概率的方法能够体现未知的(潜在有联系)信息量,比如闭坑成本有50%可能性超支850万美元,表达出了成本与风险的“价差”。另外,闭坑成本还应当包括闭坑之后的监测维护开支,这些工作往往会持续数年。

6.7.3.4 计划更新

对于具体的闭坑计划,确认是否调整更新需依据对下列疑问的解答:

(1) 矿山开发整体计划是否有改动;

(2) 新的环境风险因素是否已经得到确认;

(3) 新的社会风险因素是否已经得到确认;

(4) 矿山生命周期是否延长或缩短;

(5) 未来是否会重新开采;

(6) 法律法规是否发生变化;

(7) 土地利用情况是否相较于预期发生改变;

(8) 矿区治理修复速度是否比计划的快或慢;

(9) 在闭坑过程中是否出现因违规或改变设计产生的问题;

(10) 气候因素的改变是否已经超出了原有的影响评估假设;

(11) 是否有新的基础设施增加到矿区;

(12) 社区的社会结构的变化,包括人口数量和结构,是否已经超出预期;

(13) 闭坑带来的影响是否已经大于或小于预期。

6.7.3.5 长短期设备

闭坑工作往往会持续数年,所以对于短期设备(5~7年)的处置就显得比较迫切,闭坑计划应当及早安排。

对于长期设备,在闭坑计划中可能会经过几次调整,所以它们的处置更具灵活性,但及早在闭坑计划中安排更好。另外,法律法规的变动,社会要求的提高会影响到闭坑计划和闭坑成本,这给长期设备带来了更大的风险。

6.7.3.6 突发性闭坑

因为经济形势、技术问题或者社会动荡都可能导致矿山突然性地关闭,比预期提前几年甚至几十年闭坑。突发性的闭坑不能做到提前计划,因为不同的原因会导致不同的闭坑情况,但是可以基于闭坑计划进行调整,使得闭坑计划人能迅速对剩余闭坑未知因素和风险进行评估,进而制订合理的退役计划,以此为突发性闭坑进行准备。短期内不能解决的问题则可能会成为后续以等待再生产为目的的矿山维护方案的考虑因素。

6.7.4 退役和闭坑后计划

在矿山生命周期的末尾阶段,需要将矿山清晰地由生产状态转换到闭坑退役状态。主要转变内容是:

(1) 土建工程的退役。包括:基建设施拆除,完成修复/复垦、有效排水、遮盖尾矿废石,完成闭坑后监测网络构建。

(2) 管理性工作。涉及资产转让、劳动力遣散、协议废除(包括与政府、NGO之间的协议)。

(3) 实时有效监测和报告退役后环境与社会方面的动态情况。

在闭坑工作完成之后，需要进行闭坑效果的监测与维护，主要包括：

(1) 环境方面针对水土保持、地形地貌、生物多样性、水质、粉尘的监测与维护。

(2) 社会方面针对中小企业发展、本地就业情况、医疗卫生情况的监测与维护。

6.7.5 面临的挑战

虽然通过各利益方的良好协商，矿业公司的投入能够实现较好的闭坑效果，但是许多矿山都有自己具体的问题和困境，这些不是通过技术就能解决的。面临的挑战包括：

(1) 勘探。虽然最理想的是从勘探时就考虑到闭坑的问题，但目前问题在于勘探时可采的资源量也不能确定，停止生产进而闭坑就无从谈起，这个问题可能会永远存在。

(2) 可行性和闭坑设计。在21世纪初期的闭坑可行性研究主要集中在一些关键指标上，尤其是财政保障中的成本估算，其中主要研究指标是净现值NPV和内部收益率IRR，但因为闭坑成本的数值对其影响不大，所以闭坑成本无法影响决策，进而导致其不受重视，量化精度不够。

闭坑成本估算和足够的闭坑资金来源同样面临着巨大的挑战。因为在可行性研究阶段没有明确的财政需求，所以可行性报告都会回避成本资金的问题。

(3) 并购。随着矿山所有权的变化，闭坑的负担也随之转移。而往往矿山现场的管理是务实的，会优先分配资源满足生产需求，当前矿主首先考虑的是自己的收益利润，而高成本的闭坑成为了次要考虑。

(4) 管理的变动。矿山生命周期的不同阶段，都有不同的业务（勘探、基建、生产等）负责人管理各阶段对应的闭坑内容，如何实现各责任人在闭坑计划的制订、实施上做到统一一致是需要重点考虑的。同时，闭坑工作一旦出现差错，如何划分各业务负责人所需承担的责任也是需要解决的问题。

(5) 责任交接（矿业公司解除责任义务）。之前责任交接的条件在司法管辖范围内太过宽泛。应该有明确、适度、可审计的条件在公司和管理部门之间达成。

当一处矿山成功闭坑，且矿山达到了期望或要求的标准，那么矿山企业进一步的责任义务和承担财政责任应该取消或减轻。所以在闭坑之后的几年建立监测网络对闭坑后矿山物理、化学状态进行监测非常有必要，一旦确认没有问题发生，运营者就可以要求在一个合理的时间表内逐步交接责任。

闭坑的挑战更多集中在管理上，而非技术层面上。进入21世纪后，闭坑面临的主要挑战不再是物理意义上的关闭（技术难题），而是需要考虑自然状态和

闭坑效果的可接受性，以及如何通过商业运作使一份综合的闭坑计划产生可接受的效果。

从长远来看，为了满足可持续的退出策略，更大的挑战来自于对闭坑计划的统一、范围的圈定、实施、审查和调整。

6.7.6 完成有效闭坑的13个因素

（1）利益方相关参与。

（2）社区发展。

（3）公司/社区相互作用支持一份综合的闭坑计划。

（4）风险/机遇评估与管理。

（5）表征知识。

（6）在概念性计划中对上下文信息进行浓缩设立典型标题。

（7）目标设置。

（8）对于社会目标制订的集思广益。

（9）对于环境目标制订的集思广益。

（10）闭坑的成本风险评估。

（11）变更管理工作表。

（12）行业或区域模型。

（13）生物多样性管理。

这些因素贯穿于：

（1）沿矿山生命周期在不同阶段进行决策的闭坑执行者之间，如勘探组、可行性研究组、建设组等。

（2）一个公司在特定阶段的不同运营部门（方面）之间，如可行性分析与设计、财政管理、风险管理。

（3）公司与外部利益方之间，外部利益方提供投入、拥有股权、参与决策或闭坑过程，并要求成功的结果。

6.8 澳新矿山闭坑战略框架

《矿山闭坑战略框架》（Strategic Framework for Mine Closure）是由澳新矿产能源理事会（Australian and New Zealand Minerals and Energy Council，ANZMEC）与澳大利亚矿产理事会（Minerals Council of Australia，MCA）于2000年联合制订并实施的。

框架主要内容涵盖了利益方参与、闭坑计划制订、财经保障、具体实施、完成标准和责任交接等内容。以目标和原则结合的方法阐述了这6个方面的问题。

6.8.1 目标和原则

6.8.1.1 利益相关方参与

目标：确保所有利益相关方的利益在闭坑过程中都得到考虑。

原则：

(1) 利益相关方的确定很重要；

(2) 整个生命周期中的有效协商是包容性的；

(3) 针对性的协商策略应该反映相关方需求；

(4) 分配足够的资源保证协商进程；

(5) 与社区合作管理闭坑的潜在影响。

6.8.1.2 闭坑计划

目标：确保闭坑的有序、经济、及时。

原则：

(1) 闭坑是整个矿山生命周期的一部分；

(2) 以风险为基础进行规划降低成本和不确定性；

(3) 闭坑计划应该反映项目或业务的状况；

(4) 闭坑计划确保在技术、经济、社会性上可行；

(5) 闭坑计划动态更新，定期审查。

6.8.1.3 财经保障

目标：确保公司账户中足够支付闭坑成本，即未给社区留下负债。

原则：

(1) 闭坑计划中应该有成本估算；

(2) 成本估算应该定期核查，适应新的变化；

(3) 财政拨款应该反映真实的成本；

(4) 公认（可接受）的会计标准是财政拨款的基础；

(5) 有足够的担保（证券）保护社区免于负债。

6.8.1.4 实施

目标：确保闭坑计划的实施有明确的问责制度和充足的资源。

原则：

(1) 明确问责制；

(2) 充足的资源保障；

(3) 对于闭坑之后的持续管理和监测要求应该进行评估和准备；

(4) 闭坑商业计划提供了实施闭坑计划的基础；

(5) 闭坑计划的实施应该反映出运营状况。

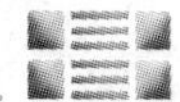

6.8.1.5 标准

目标：建立一套指标能显示闭坑过程的顺利完成。

原则：

(1) 法律应该为闭坑提供一个监管框架；

(2) 标准是所有利益方都能接受的，可行的；

(3) 每个矿都有自己的完成标准，能反映出其独特的生态、社会、经济环境；

(4) 一套特定的指标应能反映特定矿山修复工作的成效；

(5) 有针对性的研究能帮助政府、行业做出更好的决策。

6.8.1.6 责任交接

目标：实现使负责部门满意的闭坑实施目标。

原则：

(1) 负责机构应当确认查清进而做出最终接受闭坑的决定；

(2) 一旦闭坑标准达到，公司就能免除他们的责任；

(3) 关闭矿山的历史记录应该被保存以便日后开发土地用途时查询。

6.8.2 扩展说明

6.8.2.1 利益相关方的组成

利益相关方包括公司（员工、管理者、股东）；社区（当地商户、居民、土地权人、附近居民、当地政府、NGO）；国家（负责机构/执法机构、土地管理部门、其他）。

6.8.2.2 闭坑计划

概念性计划：提出主要的目标，指导项目设计，包括土地使用目标和闭坑成本指导。

具体计划：包括逐步的恢复措施，详细的计划制订和执行，诸如修复/复垦计划、退役计划（在估计停产的前2~4年进行的基建设施的拆除、清理、改建，对受污染材料进行处理，对地下工程进行安全处理等）、维持监测计划等。

6.8.2.3 闭坑计划一般性内容

核心原则：保护环境和公共卫生安全，消除停产矿山对环境的影响；全力保证采后土地利用与预期一致，建立有效长期的监测维护体系。

6.8.2.4 会计标准

所采用的方法有开支发生法、增量法、全责任法。

6.8.2.5 证券/担保的种类

金融担保正在兴起，政府也扩展了担保的概念。对矿山开发的担保是秉承

“从摇篮到坟墓”的理念，即从地质勘探到矿区建设、矿山生产，再到矿山闭坑的全生命周期都有机构提供资金担保，或者由一家机构从始至终提供担保。

担保由担保公司发行，银行等金融机构愿意为第三方的行为或失败承担责任，种类有富达债券、担保债券、履约保证金、信用许可证等。常见的是对闭坑后的环境状况进行担保（通过资助矿山复垦的方式）。

6.8.2.6 闭坑方案

闭坑方案涉及计划性闭坑、突发性闭坑、暂时性闭坑、管理和监测等。

（1）突发性闭坑。加速闭坑过程，立即实施退役计划（基于已有的预案），考虑矿山的非营运状况，账户资金不足以闭坑，则需要调用公司其他资源。

（2）暂时性闭坑（保养）。因为经济环境等问题暂时停止生产，立即制订实施考虑到未来生产潜力的退役计划。建议如果经济情况允许，应该对所有受扰动区域进行恢复治理，即使是恢复生产后还会破坏的情况，也要治理，矿山的治理和对潜在异地污染的防治都应该像进行最终闭坑计划一样处理。

暂时性的闭坑应该经常保持对最终闭坑计划的审视核查，确保一旦经济情况持续低迷导致持续停产，那么就应该按照最终计划来闭坑。

（3）管理和监测。监测时间足够长，监测应该表明闭坑的完成标准已经到达，即矿山是安全、稳定的，其土地利用也已达到设计目标。监测时间一般会长于5年，而其支撑机制也不是现成的。

养护也是必要的，因为每个矿山的闭坑都是独一无二的，并且不是所有的闭坑从一开始就能达到最满意的效果，虽然过去的经验和良好的计划能降低失败的风险，但一些补救措施也是必要的。

6.8.2.7 记录的种类

在交接以前，矿山所记录的信息应该提交到管理部门。记录的种类包括：地质记录，包括核心日志；地表和地下发展计划和设施调查；采矿、选矿和生产记录；贮存废物的位置、数量和质量（如尾矿坝、排土场/废石场）；现场具体调查和研究分析，如现场污染状况调查；最终地形地貌建设和恢复的设计和详细说明。

这些记录是无价的，尤其是在评估闭坑后土地利用情况时。

6.8.3 责任交接

6.8.3.1 矿山经营者的期望

期望当局接受认可闭坑成效，开放担保，而后问责机制转移到国家或者后来的土地所有者。

这种期望是一种希望解除闭坑责任的期望，更是解除在环境与人文法律之下进一步负债的期望。

6.8.3.2 责任部门

由责任部门与其他部门（包括未来土地所有者）协商后就闭坑实现目标的完成情况作出评判。需要给予足够长的时间以检查闭坑后矿山的稳定性（植被的自维持状况、地下水潜在影响等）。为了鼓励及时闭坑，政府可承诺额外奖励(具体形式多样)。

6.8.3.3 交接

一旦负责部门同意交接，那么此处矿山的管理和维护就将转移到后续业主或者国家。

即使是成功闭坑，也可能失去采后土地的一些用途，所以在不当使用凸显出修复土地的脆弱性时，这些行为应当被及时发现并禁止。此外，因采后土地后续使用者管理不当致使闭坑后土地修复/复垦效果失败的，不应该向矿业公司追究责任。

6.8.3.4 记录保存

这些关闭矿山的信息记录，对矿业公司或许没用，但对政府和潜在的未来土地使用者很珍贵。因为它们提供了矿山过去的发展史，可以将其纳入国家自然资源数据库，改进未来土地利用计划或者挖掘重新开发利用的潜力。

6.9 闭坑手册

《闭坑手册》（Mine Closure Handbook）是由芬兰奥托昆普（Outokumpu）集团根据2003~2005年开展的TEKES资助项目“采掘业中的环境技术”成果于2008年制订实施的矿山闭坑管理程序与运行规范。

本手册目的在于向矿山经营者、管理部门和行业顾问提供关于矿山闭坑计划与实施的指导。主要内容包括闭坑的基础介绍、闭坑法律法规、闭坑的环境和风险评估、闭坑策略、闭坑效果监测和财经保障。

6.9.1 闭坑

闭坑是指永久地停止矿业活动及所有后续行为使矿山退役并进行修复或者监测。闭坑的总体目标见表6-2。

表6-2 闭坑目标

关注目标	闭 坑 目 标
物理稳定性	所有剩余的人为结构保持物理稳定，在受侵蚀时的可持续安全，长期不存在任何针对公共健康的风险； 工程结构一直发挥着设计时的功能
化学稳定性	所有剩余的人为结构保持化学稳定，在其生命周期内所有阶段不存在任何针对公共健康和环境的风险

续表 6－2

关注目标	闭 坑 目 标
生物稳定性	生态环境恢复成一个具有典型地域特色的自然、平衡的生态系统； 或者保持在一种鼓励、促进生物多样性自然恢复、稳定的环境状态
地理和气候影响	在当地的（极端）气候或者地理因素影响下，闭坑仍然符合要求
土地利用和美观	修复要使最终的土地利用得到优化； 闭坑优化对于土地恢复和利用升级是合适且经济上可行的； 闭坑确保采后土地利用的生产力和经济性遵循了可持续发展原则
自然资源	闭坑旨在保护矿区自然资源的规模和质量
财政考虑	保证充足适量的资金随时拨付给闭坑工作
社会经济问题	消极的社会影响最小化； 适当考虑当地社区的要求

6.9.2 结合生命周期对闭坑计划的安排

一份闭坑计划的制订、修改、完成到最终实施是伴随着整个矿山生命周期的，具体如图 6－4 所示。

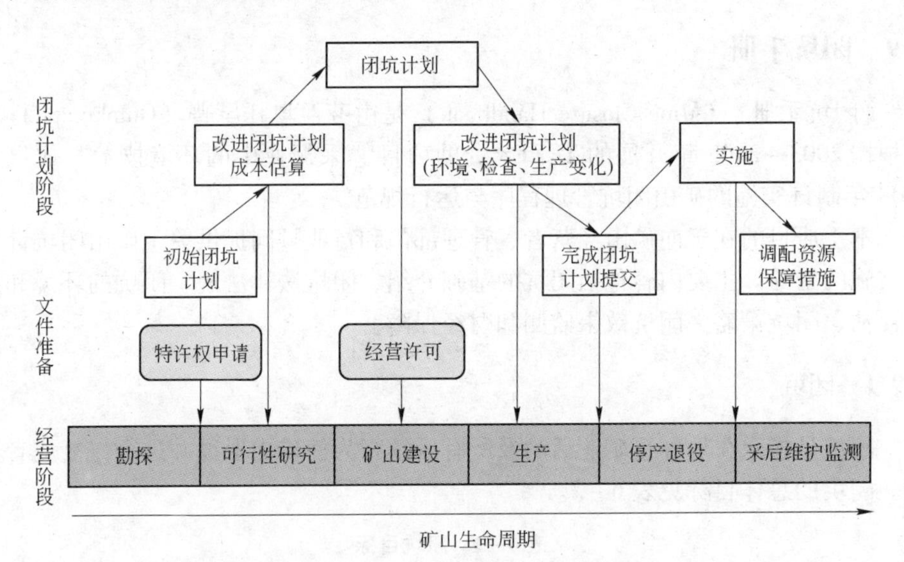

图 6－4 闭坑计划在矿山生命周期中的形成与实施

矿业公司在勘探阶段，获得特许权之后就应该进行闭坑计划的制订，随着可行性研究的展开，需要对闭坑计划进行改进，并涉及闭坑成本。在公司获得矿山经营许可后，通过后续的经营过程，结合具体的矿山实际和公司情况，对闭坑计划做进一步的改进，在生产结束前几年的时间点，确定最终的闭坑计划，临近停

产时向管理部门提交闭坑报告并着手准备闭坑事宜。

在矿山正式退役停产后，开始实施闭坑计划，调配资源保障闭坑的顺利实施完成直至达到预期效果，同时在闭坑结束后几年甚至更长的一段时间对闭坑后的矿山状况进行维护监测，确保闭坑效果的保持。

6.9.3 闭坑相关法律与约束

6.9.3.1 关于采矿、环境和其他相关立法

手册中提及的采掘行业相关法律的一般原则是：预防为主、尽量消除不良影响、尽量采用最佳可行技术（Best Available Technology，BAT）、保证方法的环保性、谁污染谁治理等五项。

《矿业法》（Mining Act，1965）：该法是其他矿业法律的基础，制订矿业管理总原则、概念，对矿山经营各阶段进行描述。

《环境保护法》（Environmental Protection Act，2000）、《环境保护法令》（Environmental Protection Decree，2000）：防止工业污染，消除或减少因污染引发的损失，促进建立健康、宜人、生物多样、可持续的环境。

《水法》（Water Act，1993）：应对诸如地下水的抽取输送、河道的施工和监管等事宜。

《自然保护法》（Nature Conservation Act，1996）：和矿业法配合，可用于评估采矿过程中所影响的自然环境的价值。

《废物管理法》（Waste Management Act，1978）、《废物法》（Waste Act，1993）：关于对废弃物管理的立法。

未来的法律方向是《矿业法》、《尾矿坝安全法》、《水法》的改革和废弃物管理、环境损害等方面的立法。

6.9.3.2 关于损失赔偿的立法

适用法律：《环境损害赔偿法》、《侵权责任法》、《矿业法》里的相关规定。原则是谁污染谁赔偿，即使责任已经交接。

6.9.3.3 闭坑采用最佳可行技术（BAT）

最佳可行技术（BAT）指生产和处理的方法有效且尽可能先进，同时保证技术、经济上的可行性。

通过采用BAT，可以有效防止或者减少污染。其中闭坑中对废石和尾矿的处理要求较高。对于废石和尾矿，主要关注点在于：化学成分和矿物质，产酸的潜在可能，有害物质浸出，长期行为。

6.9.3.4 物理和水文特征

产酸的可能性是最重要的影响。BAT对于减少、防止酸影响的措施有：水覆盖或者干燥覆盖，半水生处置，耗氧/氧化覆盖，去除里面的硫化物，分离出产

生酸的物质，湿地建设，抬高地下水位。

6.9.3.5 土地利用

遵循土地使用和建筑法（Land Use and Building Act）。土地使用需要经过区域规划、总体规划、城镇规划。区域规划提供了土地使用的原则，服从区域发展；总体规划提供关于社会结构和市区土地利用以整合功能的一般性指导；城镇规划提供详细的土地利用，建设和发展规划。

在开始一个新的矿山项目时就应该想到闭坑后的土地利用。包括总体规划和详细的土地利用计划，包含产品、副产品和废弃物的堆放场所，这样不仅满足了生产经营的需要，也能考虑到周边地区的安全和最终的不利影响。

6.9.4 闭坑的环境影响评估和风险评估

6.9.4.1 环境影响评估

环境监测和评估贯穿于整个矿山生命周期，甚至在勘探阶段，环评就可能是最需要的。环评中的环境基线和影响因素内容见表6－3，环评中关于对自然环境的影响见表6－4，环评中关于对人文社会的影响见表6－5。

表6－3 矿山周期不同阶段矿山活动的最重要环境影响（灰色填充选项为最重要影响）

受体	自然环境						人文社会			
运营阶段	表土基岩	景象	地下水	地表水	空气噪声	植物群动物群	商业就业	休闲	健康舒适度居住环境	文化景观
基建										
采选										
供排水										
排废										
运输										
供能										
存储										
闭坑										
闭坑后										

表6－4 矿山活动对于自然环境的影响

项　目	因　素	影　响
地下工程	冒顶、下沉、塌陷	塌陷，地表水涌入，对栖息地、土地利用能力的改变
	提升井和风井	地表水涌入，对栖息地、土地利用能力的改变
	酸性矿坑水形成或金属离子转移；在金属矿石运输、其他有害物质使用或者回填中使用/产生化学物质	对矿山排出的水，位于矿山下游的地表水和地下水造成污染

续表 6－4

项目	因素	影响
露天坑	酸性矿坑水的形成，金属离子的浸出和转移； 侵蚀； 采区范围/面积	对矿山排出的水，位于矿山下游的地表水和地下水造成污染； 影响栖息地、景观、土地利用； 影响景观、土地利用
尾矿库	侵蚀，稳定性； 酸性矿坑水的形成，金属离子的浸出和转移； 化学反应； 粉尘； 表面材料的致密性； 地形和处置区域面积；	影响景观、土地利用、栖息地，河道和水池的沉积作用，粉尘； 污染渗流水、重力水、地表水和地下水，影响稳定性，酸化土壤、产生有毒物质和气体； 对渗流水、重力水、地下水的污染； 对土壤和水系的污染，对动植物的影响； 地表径流，改变雨水的渗透； 影响景观、土地利用
废石/岩土处置区域	侵蚀，稳定性； 酸性矿坑水的形成，金属离子的浸出和转移； 粉尘； 表面物质的密度； 地形和处置区域面积	影响景观、土地利用、栖息地，河道和水池的沉积作用，粉尘； 污染地表水和地下水，影响稳定性，酸化土壤、产生有毒物质和气体； 对土壤和水系的污染，对动植物的影响； 地表径流，改变雨水的渗透； 影响景观、土地利用
建筑	沉降、稳定性； 化学品，有害物质； 基础设施； 致密表面（道路等）； 建筑范围/面积	对排水结构和建筑物的影响，对景观、土地利用的影响； 污染地表水和地下水，影响稳定性，酸化土壤、产生有毒物质和气体； 改变其利用潜力； 地表径流，改变雨水的渗透； 影响景观、土地利用

表 6－5 矿山活动对于人文社会的影响

社会条件影响因素	产生的影响/社会条件的改变
区域特点	对区域的物理构成或者社会特点带来明显的改变
人口	人口规模和结构的改变，迁移
流动性	对流动潜力和公共/私人/非机动交通的改变
服务	服务的提供和利用率
经济	对就业和商业机会带来的改变
自然	自然景点的减少，更少的休闲娱乐机会
排放	对空气和水系因泄漏带来更多严重的影响
预感的恐慌	因为健康和居住环境增加的恐慌
冲突	项目导致当地人群出现冲突

对于社会影响程度的评估主要是基于影响区域的范围、影响人群的规模、影响的相互叠加作用效果、影响发生的概率和持续时间。

另外需要注意的是，影响程度（或称作重要性）可以根据场所不同而有所不同。具体场所可以分为三类：

（1）在具有较大价值的自然环境或者风景区内；

（2）临近居住区；

（3）紧邻河道、海岸线或者富含地下水的地区。

场所不同，影响因素对最后影响结果的作用所占权重也就不同，具体见表6－6。

表6－6　不同场所导致环评中影响因素的权重差异（灰色填充选项为较大权重）

关注目标		自然环境	居住区	水量丰富区
自然环境	表土/基岩			
	景观			
	地下水			
	地表水			
	空气			
	动植物群			
人文社会	就业/商业			
	休闲			
	健康/舒适度/居住环境			
	文化/风景			

6.9.4.2　风险管理与评估

矿山闭坑也是一个贯穿矿山生命周期的风险管理过程，在矿山运营的所有阶段，其技术的选择都是基于环境、安全和技术等方面的风险评估做出的。不同的矿山，其风险和风险等级也是不同的。

当闭坑计划最终确定，风险评估也应该结合实时的环境进行补全。若有必要，则需从识别风险源开始再进行一次评估，需要考虑到环境的改变和新的需求。

闭坑计划要包括对于其中建议行为的残留风险估计以及随着时间风险等级的发展情况。在进行计划和决策时，风险管理行为对于风险的影响以及对残留风险的准确估计都需要被考虑进去。风险评估和管理的一般性步骤如图6－5所示。

6.9.5　闭坑策略

一份全面的闭坑计划需要考虑采矿活动中包含的以下内容：地下工程，露天坑和采场，废石堆放和排土场，尾矿库，选矿厂，其他建筑和设施，采矿机械和

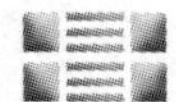

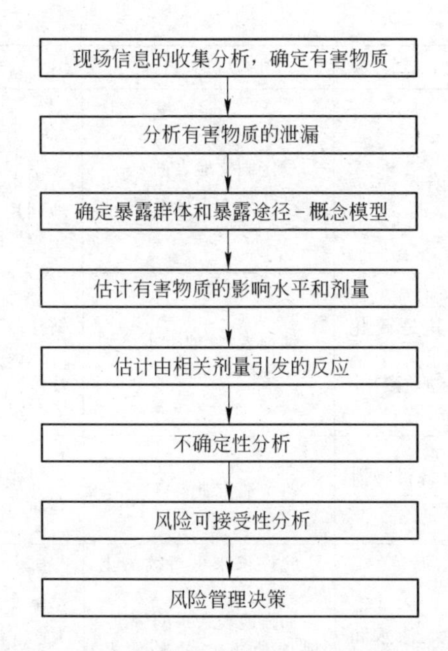

图6－5　风险评估和管理的一般性步骤（以有害物质泄漏为对象）

其他设备，堆填区和采空区，受污染土地和受污染的地表水/地下水。

计划中应该针对上述每一点给出简洁清晰的，同时考虑到安全、环境和潜在土地利用标准的策略指导。对于一些矿山活动和上述的部分内容，可以通过法律上的严格程序进行指导规范，但是在有的情况下，则需要运用最适宜的方法和技术。

具体而言，需要从物理、化学、土地利用等角度进行潜在风险分析并提出目标和解决方法。

6.9.5.1　地下工程（或采空区）

地下工程在闭坑时所需要关注的潜在风险因素主要是：井筒的安全性，塌陷冒顶，地表沉降坍塌，酸性矿坑水，其他各种化学污染物，设备油污和对水系、美观带来的影响。具体见表6－7。

表6－7　地下工程潜在风险因素及应对策略

关注目标	潜在风险因素	补救/修复目标	治理方式
物理稳定性	安全性（竖井、天井、风井）	使其符合安全要求	防止公众接近； 永久密封井筒和入口； 定期检查
	塌陷、冒顶	避免塌陷或者其可能最小化	加固结构，（用废石）填充地下巷道、硐室

续表 6－7

关注目标	潜在风险因素	补救/修复目标	治理方式
物理稳定性	地表沉降、塌陷	稳定固化地表； 强化地下工程结构	防止公众接近； 在地表进行结构加固，填充巷道硐室，美化景观以适应未来土地利用，划定可能沉降区域，建立防护网和清晰的安全标志
化学稳定性	酸性矿坑水的形成、污染物浸出（尤其是硫化矿）； 残留化学反应物质浸出、其他充填产生的污染	使地表水/地下水达到质量标准	密封巷道硐室、所有井筒、钻孔； 积极主动处理矿井排水，规律性监测在矿井涌水/倒灌期间的水质，跟踪分析水的化学性质和转移
	留在矿里的设备机械泄漏的油污	避免油污泄漏	转移矿内的所有设备，转移所有油品和被油污染的材料
土地利用	矿山的永久废弃； 不利于美观； 给地表的排水、渗水和地下水补给造成的影响	允许未来可持续的土地利用； 加强地表水系的管理，保证地下水的补给和水质	美化环境，防止沉降，密封地下矿井筒和入口，实施绿化

6.9.5.2 露天坑

露天坑在闭坑时所需要关注的潜在风险因素主要是：陡帮岩面等带来的安全性问题，塌陷滑坡，对水系造成的影响，侵蚀淤积，地下水酸化，有害金属离子浸出，给美观和闭坑后活动带来的影响。具体见表 6－8。

表 6－8 露天坑潜在风险因素及应对策略

关注目标	潜在风险因素	补救/修复目标	治理方式
物理稳定性	安全性（陡帮、岩面、深层水和充水区）	使其符合安全要求	防止公众接近； 围栏隔离危险区域，建立清晰安全标识，关闭进出通道
	塌陷、沉降、滑坡	避免塌陷沉降或者其可能最小化	通过加固、绿化对陡帮进行美化、增强稳定性，围栏隔离危险区域，建立清晰安全标识； 定期检查
	给地表的排水、渗水和地下水补给造成的影响	加强地表排水和径流的管理，保证地下水的补给和水质	美化环境、开（排水）沟
	侵蚀、淤积	防止侵蚀和淤积	绿化、开沟、美化环境

续表6－8

关注目标	潜在风险因素	补救/修复目标	治理方式
化学稳定性	地下水酸化、有害金属离子水的浸出（尤其是硫化矿）	使地表水/地下水达到质量标准	封堵并积极主动处理受采矿影响的水，密集监测在淹水/汛期时的水质，定期跟踪分析； 监测管理水化学和水文信息
土地利用	不利于美观； 对闭坑后活动的限制	恢复到自然状态，具有休闲消遣的价值	美化环境，防止沉降，实施绿化

6.9.5.3 *废石堆*

在闭坑时对废石堆管理所需要关注的潜在风险因素主要是：安全性，沉降滑坡，对水系造成的影响，酸性矿坑水，有害金属离子或污染物浸出，给美观和闭坑后活动带来的影响。具体见表6－9。

表6－9 废石堆潜在风险因素及应对策略

关注目标	潜在风险因素	补救/修复目标	治理方式
物理稳定性	沉降、废石堆滑坡，侵蚀； 对地表径流和地下水渗透的影响	降低边坡的不稳定性，缓解侵蚀和淤积现象	通过削减边坡角度、开沟、改进排水系统、设立沉淀池、挡土墙，实施绿化、现场监测对其进行安全加固、美化
	安全性	符合已制订的安全规范	防止公众接近； 围栏隔离危险区域，建立清晰安全标志
	对地表径流、地下水渗透和流动的破坏	加强地表排水和径流的管理，保证有效的地下水补给	开沟，改进排水系统
化学稳定性	酸性矿坑水的形成、金属离子或污染物浸出	使水质达到标准	封堵并主动处理受采矿影响的水，监测所排水的水质；用不透水材料遮盖废石堆，提高地下水位，持续进行现场监测； 对水化学、水文和潜在污染物转移的监测和管理
土地利用	不利于美观； 对闭坑后活动的限制	恢复到自然状态，能维持生态多样性的土地利用形式； 利用废石	美化/绿化环境、削减边坡；利用废石进行填充作业或者其他土木工程

6.9.5.4 *尾矿*

在闭坑时对尾矿管理所需要关注的潜在风险因素主要是：尾矿坝的安全性，

一般的安全问题，尾矿砂，对水系造成的影响，酸性矿坑水，有害金属离子或污染物浸出，给美观和闭坑后活动带来的影响。具体见表6－10。

表6－10 尾矿潜在风险因素及应对策略

关注目标	潜在风险因素	补救/修复目标	治理方式
物理稳定性	尾矿坝的安全性	静态安全系数大于1.5； 能抵抗包括极端条件下的冲刷侵蚀	美化环境，尤其是坡面；改进排水；陡坡开沟，防止冲刷侵蚀；绿化； 进行日常检查和监测
	一般安全性	避免塌陷或者其可能最小化	防止公众接近；围栏隔离危险区域，建立清晰安全标志； 定期检查
	粉尘、尾矿砂、堆积和风蚀	防止粉尘的水蚀冲刷	绿化，设立沉淀池，陡坡开沟
	对地表径流、地下水渗透和流动的破坏	加强对尾矿库及周边地表水的管理	美化环境，开挖排水沟渠
化学稳定性	酸性矿坑水的形成、有害金属离子浸出； 残留化学反应物质浸出和其他污染物	使水质达到标准	封堵并积极主动处理受采矿影响的水，监测所排水的水质；用不透水的紧致层覆盖尾矿，提高地下水位，持续进行现场监测； 对水化学、水文的监测和管理
土地利用	不利于美观，对闭坑后活动的限制	使生态系统恢复功能性，具有休闲消遣价值	对尾矿库表面和堤坝坡面进行美化环境，实施绿化

6.9.5.5 退役和拆除矿山建筑和其他基础设施（包括选矿厂）

在闭坑时对退役的建筑设施进行处理所需要关注的潜在风险因素主要是：建筑设备的安全问题，对水系造成的影响，建材和化学品给环境造成的影响，对建筑设施利用的选择，给美观和闭坑后活动带来的影响。具体见表6－11。

表6－11 退役建筑设施潜在风险因素及应对策略

关注目标	潜在风险因素	补救/修复目标	治理方式
物理稳定性	建筑、道路、基础设施和设备的安全性	最大限度地再利用和循环利用拆除建筑里的材料，确保对保留下的建筑设施的维护保养； 明确责任分工； 符合安全要求	决定哪些建筑、道路和基础设施保留，并指定未来用途（如博物馆）；指定场所维护计划；对其他建筑设施指定拆除计划并执行，同时限制公众接近； 责任分配； 定期检查
	对地表径流、地下水渗透和流动的破坏	加强地表水系的管理	对排水系统、保留堤坝持续维护，确保导管、排水沟、涵洞等的畅通

续表 6－11

关注目标	潜在风险因素	补救/修复目标	治理方式
化学稳定性	因为建筑材料、受污染土壤和化学品仓库带来的环境危害； 一般性的安全风险	减轻环境危害，确保安全	确定污染范围；负责地搬移、处理化学品和受污染材料，治理受污染的土地；清除地下储罐
土地利用	对建筑和道路持续使用的选择	最大限度地利用保留的设施设备	确定潜在的建筑和道路利用选项
	不利于美观； 对闭坑后活动的限制	生态系统功能的发展，具有休闲消遣的价值	美化环境，实施绿化，清除不需要的建筑设施

6.9.5.6 机械设备

所有矿山生产机械设备都需要在停产时从生产场所清理干净，清理的方式必须不带有任何对于环境和安全的风险。所有无法再利用的设备都会被送到专门的处理场所进行填埋或者废物处理。

6.9.5.7 受污染的土地

采区或者选厂附近的土壤易受到污染，污染源可以是矿石、废石、尾矿、选矿厂等，释放各种各样的矿物离子、金属化合物或其他化学物质。污染物通过风、水流、沉淀物传播到整个矿区，汽油等油品的泄漏也可以通过运输补给、储藏等方式扩散。

根据规定，矿山经营者即使是在闭坑以后也同样对污染的防治、监测和处理负有责任。若污染与矿山活动有关，责任者需迅速确定并报告包括土壤污染在内的任何环境污染的迹象、证据，根据 BAT 原则采取措施；若污染与矿山活动无关，则由相关部门做出应对。

从提高利用效率，节约资源的角度出发，如果被污染的土地已经被开挖，由清洁的土质替代，那么可以用被开挖的土去覆盖尾矿；如果造成污染的物质是无机的，可以用其对地下工程进行回填。

对于上述应对策略中的绿化措施，应根据土地不同利用目的灵活种植，见表 6－12。

表 6－12 根据土地不同利用目的对应的种植建议

土地利用类型	种植建议
人造林地	经济林； 易生长，成长快的林木
休闲娱乐用途	种植抗物理损伤的植被，如适于运动的草皮； 慢生长的覆盖植被

续表 6－12

土地利用类型	种 植 建 议
农 牧	要求细致的风险评估，在恢复期中、之后进行实时监测； 对有毒化学物质敏感的植物，指示作用
自然景观（无商业目的）	本地植被
无特定使用目的	能迅速稳定当地环境状况的植被，包括商业性的草种
纯自然状态	最大限度地根据原本的生态系统添加植被

对于矿山经营者，在结束生产之后，仍然保有对矿山土地的所有权，除非因强制原因出售土地（倘若矿山经营者开采初期就没有事实性拥有矿山土地的所有权，那么在生产结束之后，进行的土地所有权转让默认归还原所有人）。所以在闭坑之后，他们仍然对矿山基础设施、建筑（如露天坑、尾矿库等）的环境监测和风险管理负责，只有在确定无环境和安全风险的情况下才可进行所有权转让。

矿山土地责任的交接包含对所有权的转让和责任义务的转让，内容涉及经营权，土地、建筑、设施的所有权，资金保障和偿债能力，土地使用权以及对闭坑后环境损害造成影响的保险金。

最后，交接双方需要将权利、责任义务的转让告知管理部门和公众。

6.9.6 闭坑效果监测

为了使治理措施和相关的功能性设施发挥效果，满足闭坑标准，需要在闭坑后对矿山进行持续的监测，以确保无环境和安全风险。

一般性的监测内容包括：

（1）围栏和警示标志的状况。

（2）坝体和尾矿库的稳定性，其他潜在滑坡风险区域的稳定性。

（3）地下工程的淹水情况，水质的变化发展情况。

（4）废石堆和尾矿库的化学稳定性情况，评估其长期行为和覆盖物的长期使用效果。

（5）水处理系统和排水系统的工作状况。

（6）种植/绿化方案的效果。

对上述监测内容实施的具体方法过程包括：

（1）目测检查坝体和尾矿库，评估侵蚀范围或者形态和水位的变化。

（2）测量从尾矿库和废石堆排出的水量和水质。

（3）测量矿山上游和下游排放点处的地表水的物理化学参量/指标。

（4）评估周边水生生态系统的状况和生态能力，包括测量水的物理、化学性质。

(5) 周围流域的地下水物理、化学特征描述。

(6) 监测植被的生长、多样性和覆盖密度。

在闭坑计划中需要阐明监测方案，主要围绕监测对象、监测方式（技术、样本）、跟踪监测网络的建立维护、监测频度、监测时段和责任分工进行说明。一般来说，对于大部分矿山，闭坑之后重点监测对象主要是地下水/地表水水质水量，矿山坝体结构和尾矿库、废石堆的污染物排放和结构稳定性。

6.9.7 财经保障

6.9.7.1 闭坑储备金

闭坑工作的有序推进需要充足的资金和财政支持作保障，为了避免停产之后的闭坑工作给公司造成巨大财政压力，矿业公司可以每年在资产负债表（财务报表）中预留一部分闭坑资金作为储备。

6.9.7.2 担保

对于采掘业来说，通常会为尾矿和废石的处理进行担保，目的是确保社会在环境审批时就能为以后一旦经营者没有偿付能力时承担废弃物处理的成本。而担保是向环境审批机构和监察机构保证的。

6.9.7.3 闭坑成本估算（以2008年货币流通价值为基础）

闭坑成本是由矿山经营者或者停产之后立即更替的矿山土地所有者承担的，闭坑成本主要发生在矿山停产以后，在经营期间发生的成本约占总成本的10%，停产后2~3年发生成本占总成本的50%~60%，剩余的比例发生在更后期。

在欧洲国家，闭坑成本主要是产生在对尾矿的覆盖上，每公顷花费在0.5万~2.5万欧元之间，大约占到总成本的50%~75%，影响因素包括覆盖层的结构、利用的材料和覆盖位置。

其他花费还有：

(1) 选矿厂的拆除（10万~30万欧元）；

(2) 其他设施的拆除或转移（5万~20万欧元）；

(3) 清理场地和处理废弃材料（10万~20万欧元）；

(4) 水的治理和排放（5万~20万欧元）；

(5) 对废石堆的覆盖（每公顷0.1万~2万欧元）；

(6) 获得官方批准（1万~3万欧元）；

(7) 未来检查、调查花费（5万~10万欧元）；

(8) 监测、维护花费（每年0.5万~2万欧元）；

(9) 员工遣散、再培训和安置（具体花费和员工意愿、员工人数、社区要求、相关规定或标准等因素有关）。

6.10 案例分析

6.10.1 美国金色阳光矿

美国金色阳光（Golden Sunlight）矿开采历史悠久，曾经因环境影响而饱受诟病。目前，该矿触及了经济激励、社会责任和环境保护等矿业核心价值，在闭坑管理、生态恢复、土地使用方面比较具有代表性。

该矿位于美国蒙大拿州杰斐逊县。矿床早在1890年就被发现并开采，小规模、群采一直持续到1975年，矿权被Placer Dome America公司购买。1982年露天开采投产，采用氰化物溶浸处理。2002年开始转入地下开采。共生产黄金250万盎司，公司员工曾经多达300人。

该矿曾于1985年，泄漏了1900万加仑含氰化物毒素废水，导致地下水污染，引发官司；1988年，由于候鸟频繁光顾沉淀池，该矿采用全天播放摇滚乐驱逐鸟群而再度造成环境影响；1994年，由于工程设计原因，导致地下岩层移动、选场出现裂隙，生产活动曾一度暂停。2006年，Barrick Gold公司并购了该矿。

目前，该矿仍以常规露天开采为主，改用碳浆与尾砂处理技术提取黄金。2013年生产黄金51000盎司，全部维持成本每盎司869美元，调整成本每盎司652美元。

该矿的可持续发展要求包括：提升股东价值，确保矿区物理、化学、生态的长期稳定，把利益相关方集成到决策过程，建立伙伴关系、优化作业期间与闭坑后的可持续发展。

截至2003年，该矿扰动土地2344英亩（1英亩=4046.8564224平方米），其中的1060英亩进行了复垦，复垦率达到45%，支出1700万美元，其中2000年至2002年支出1300万美元。可以获得返还2900万美元的复垦保证金（总计缴纳5400万美元，返还率58%）。后续资料表明，2007年至2009年，该矿平均每年用于矿山复垦经费约200万美元。

该矿还与其他相关非营利组织合作，恢复4400英亩的栖息地、530英亩湿地、640英亩的麋鹿产仔区、3520英亩牧场；开展了表土覆盖及控制预防酸性废水、低pH值高硫废水的生物处理、露天边坡酸性废水钝化工业试验等工作。

该矿闭坑管理的另一特色是收集周边小型矿山废弃物进行集中处理。通过特许的小型矿山可以把矿山废弃物售运给该矿，经过选场处理后排放到该矿的尾矿池中。从2010年起，该矿已经收集来自10个小矿的大约30.8万吨尾矿，支付大约2500万美元，回收黄金22000盎司。地方土地管理局的官员评价说，这是一种双赢策略，通常清理一个小型矿场，需要花费纳税人大约80万至100万美

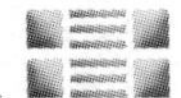

元，才能实现与此大体相同的目标。

在闭坑后土地利用上，该矿还考虑建设高尔夫球场、风能发电厂、工业园区等。

该矿的闭坑工作经验包括企业承担及团队、绩效驱动、信息透明流畅、过程公开、坚韧不拔、态度正面积极、各方及早合作等。

6.10.2 美国绿谷铅锌银矿

绿谷（Greens Creek）铅锌银矿位于阿拉斯加州金钟岛通加斯国家森林公园朱诺附近，是生产银、锌、铅、金的地下采矿-磨矿一体化矿山。1988年投产，采用地下开采方式，生产能力为矿石处理量1000吨/天，预计服务年限10~30年。到2004年，该矿成为世界第五大银矿，当年白银产量302吨，也是美国最主要的铅锌矿和最大银矿。该矿曾隶属于美国肯内科特采矿公司，后被转让给力拓集团，2008年2月12日被赫克拉矿业公司收购，至今仍由该公司经营和所有。

根据赫克拉矿业公司网站介绍，2012年该矿生产白银640万盎司（约181.4吨），平均总现金成本为每盎司2.70美元，2013年预计产量将维持在600万盎司以上。目前，该矿银的探明及可能储量为9450万盎司，黄金的探明及可能储量为71.84万盎司，还有铅和锌的探明及可能储量分别为76.74万吨和70.23万吨。未来预计投入高达72亿美元，主要用于老矿区周边复垦、新矿区的开发和新设备添置。

对于废弃物的处理，该矿实行“4R”（Recycle，Reuse，Reduce and Recover）原则，将一半的尾矿回填至采空区进行结构支撑，控制管理废石的产酸和其产酸的可能。在水的处理利用上，该矿在选矿过程中使用的所有矿井水都会在污水处理厂进行处理，然后在严格的排放许可下进行排放，其废气的排放也需得到阿拉斯加州的批准许可，并控制在允许的污染阈值之内。

虽然离停产还有一段时期，但绿谷铅锌银矿仍十分重视矿山闭坑的准备工作，尤其是针对闭坑设计中的成本估计，一共准备了5种计算方案。其成本估算的对象主要集中在：30英亩的干尾矿库（计划再扩展32英亩），44英亩的采石区，68英亩的路面，29英亩的设施（包括磨矿设备）占地。该矿掌握的闭坑资金有：由美国林业局掌控的保证金2440万美元；尾矿库扩容需要的保证金177万美元（总保证金2617万美元）；信用证价值1840万美元，履约保证金600万美元。

该矿5种成本估算方案由简到繁，涵盖内容不断增加，其成本也不断增加。具体如下：

（1）方案一（目前该矿初步采纳）。考虑劳动力、设备材料成本、矿山复垦等，成本估计约 2600 万美元。

（2）方案二。相较于方案一，多考虑了工程中设计、采购、管理成本，承包商的利润、通胀等，成本估计约 2853 万美元。

（3）方案三。相较于方案二，加入间接成本，改变了具体改造任务的单位成本。

尾矿库（62 英亩）成本 629 万美元，水处理（7 年）成本 14 万美元，尾矿和废石覆盖工程的监测与维护（考虑酸的生成定为 30 年）成本 180 万美元。总成本升至 3541 万美元。

（4）方案四。相较于方案三，水处理时间延长至 50 年，其他的监测维护（一般现场和长期的运行与维持，如劳动力、电力；地表水、地下水、复垦监测）再延长 30 年。总成本升至 9459 万美元。

（5）方案五。相较于方案四，水处理时间延长至 100 年，其他的监测维护继续再延长 30 年。总成本升至 1.49 亿美元。

可以看出，核算的成本包括了直接成本（为了完成需要持续改造任务的直接投资），如抽地下水、水的净化等；也包括了间接成本（偶然事件、工程重设计、人员的调动和遣散、承包商的管理费用和利润、代理管理机构的费用）。另外，根据闭坑效果及其后续监测时间的长短，成本也会变化，所以在具体核算成本进而为闭坑提供资金支持时，企业需从闭坑效果、施行方案、具体细节等多方面考虑。

该矿在闭坑工作中的经验主要是尽早规划、实时准备、重视成本计算、提前预留资金。

6.10.3 澳大利亚沃纳拉磷酸盐矿

沃纳拉磷酸盐矿隶属于澳大利亚 Minemakers 有限公司，该项目目前正处于可行性研究阶段，同时进行环保审批，上述工作预计在 2014 年第一季度结束。

2011 年，澳大利亚 Minemakers 有限公司和印度国有企业 NMDC 公司达成协议对该矿进行合作开发。到 2013 年中期，该矿仍然只有 15% 的矿化带得到充分的勘探，但根据目前探测情况推断，该矿的磷酸盐矿石达到 8.42 亿吨（平均品位 18.1% P_2O_5，边界品位 10% P_2O_5）。设计开采方式为露天开采，采深可达 50 米。初期生产能力计划为 150 万吨/年，随着配套设施逐渐完善，生产能力将提高至 750 万吨/年。该矿也是目前澳大利亚最大的磷酸盐矿。

沃纳拉磷酸盐矿虽然还未投产，但其在规划设计阶段就考虑到闭坑的问题，并制订了较为详细的闭坑计划，计划中涉及了具体的矿山闭坑目标和完成标准，见表 6-13，并进行了闭坑风险评估以及闭坑成本核算。

表6-13 沃纳拉磷酸盐矿闭坑目标及完成标准

项目		闭坑目标	完成标准
总述		后代不会继续为采矿活动带来的影响买单	政府通过矿山完成报告
		公众健康和安全不会被损害	审计显示任何留下来的矿山设施都是安全的，并鼓励公众查询
		景观功能与植被是有活力的，自维持，与周围环境一体	景观和植被评估报告显示达到标准
		污染不超标	根据澳大利亚标准，现场调查显示所关注的污染类型没有超标
		使社区完全清楚闭坑的内容和日程	利益相关方参与记录显示在闭坑计划过程中持续的协商和参与
基础设施	居住区	所有基建拆除	对闭坑计划的审计显示没有对应功能的设施存留，除了飞机跑道
	办公楼	所有基建拆除	
	飞机场	所有基建拆除，除了跑道	
	开挖区	对生态没有不利影响	调查显示受到影响的食草动物没有增加
		开挖区退役	审计显示除了要求的开挖区被留下使用外，其余的都根据地方政府的指导标准进行覆盖
		所有基建拆除，除非矿山与土地所有权人达成协议要求土地另有所用	对闭坑计划的审计确认，除了被要求留下的开挖区
	破碎筛分工厂	拆除	对闭坑计划的审计显示没有对应功能的设施存留
	主要车间、仓库		
	发电装置		
	污水、水处理装置		
采掘巷道	取土坑	景观功能与植被是有活力的，自维持，与周围环境一体。对于人和动物没有陷落的危险	景观和植被评估报告显示达到标准
硬岩坑	回填坑	景观功能与植被有恢复力，自维持，与周围环境一体	景观和植被评估报告显示达到标准
	露天坑	坑里的水质是有保障的，不会降低周围水质，也不影响动物饮用栖息	闭坑后的监测显示水质是适宜的并且没有造成蚊虫滋生
		矿坑水流不会对现有地下水水质水量造成影响，从而影响用户使用	闭坑后的点位监测显示水质水量没有变化

续表6－13

项目		闭坑目标	完成标准
硬岩坑	露天坑	没有因为露天坑的稳定性或者随便进入的问题造成人员伤亡	由岩土工程专家为露天坑周围设计修建围挡，防止人员轻易进入
			露天坑斜坡道等进行封锁
			闭坑岩土稳定性报告显示露天坑的稳定性是可接受的
水坝和水塘	地表水系的管理结构	地表水蓄水区的恢复，给湿地鸟类提供栖息地	植物和动物评估报告显示提供给湿地鸟类栖息地的功能已经实现
			没有蚊虫滋生
			审计表明供给湿地的可能或者必要的水系结构已经恢复
		所有地表水系的结构对于人类和动物来说是物理上稳定和安全的	审计报告对此进行确定
废石堆放	废石堆放	废石堆放在物理和化学上都是稳定的	岩土工程评估报告显示废石堆放是稳定的
			监测表明没有因废石堆放产生对地表水、地下水的水质水量和生态系统产生不利影响
勘探	钻孔、钻垫、钻坑、井探	景观功能与植被是有活力的，自维持，与周围环境一体	审计显示所有的勘探钻孔钻垫已经按照地方政府的指导标准完成恢复
			审计显示所有的井探和钻坑已经按照地方政府的指导标准被回填或者恢复
	轨道线路	景观功能与植被是有活力的，自维持，与周围环境一体	审计显示达到要求
进出交通路线	进路	进路被恢复（复垦），除非土地所有权人要求留有其他用途	审计显示所有没有要求的进路基建被处理
	运输道路	所有运输和其他道路都被恢复（复垦），除非土地所有权人要求留有其他用途	审计显示所有没有要求的运输道路基建被处理

闭坑风险评估项目与表6－13相同，从具体影响内容、可能性、后果严重程度综合形成残留风险分析。

其中，分析认为发生可能性较大的项目是废石堆放导致地貌景观受影响；发生后果最严重的是露天坑致人死伤，其次是公众安全与健康、社区未能被告知闭

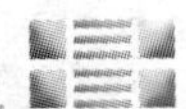

坑事宜、回填坑生态与植被未能恢复功能、废石堆放不稳定、废石堆放区域植被不能自维持；被评估为残留风险较高的是公众安全与健康、社区未能被告知闭坑事宜、回填坑的生态系统与植被未能恢复功能、露天坑致人死伤、废石堆放不稳定、废石堆放区域植被不能自维持等6项。

闭坑成本估算是依据第三方在矿山生命周期最后一年着手进行恢复和退役工作所耗费的成本，同时假设矿山从转售项目中获得收益。

成本估算项目包括：基建、采掘巷道、硐室、水坝和蓄水区、废石堆放、勘探、运输线路、闭坑监测。一共为4350万美元。

该矿在闭坑工作上的经验主要是将闭坑规划作为矿山整体规划的一部分，全面考虑闭坑要素、提早拟定闭坑计划、重视闭坑风险评估和成本估算工作。

6.10.4 加拿大沙利文矿

沙利文矿（Sullivan Mine）位于加拿大不列颠哥伦比亚省的金伯利城，曾经是加拿大最大，同时也是世界上第三大铅锌矿。该矿于1892年被发现，1909年投产。在历经了92年的开采后，于2001年12月停产，停产后仍有剩余储量超过2800万吨（铅锌品位达11.9%）。该矿生产期间总共开采出了约1.5亿吨矿石，其中精矿2600万吨，产生了大约价值350亿美元的铅、锌和银。

停产之后沙利文矿区也留下了长达483千米地下隧道和64千米的巷道，而更引人关注的则是1000万吨的废石和1.2亿吨的尾矿，它们构成了危害环境的主要因素。在沙利文矿区主要的生态问题有两个：一是由于矿石中硫与铁的含量高，酸性岩排水系统（硫化物氧化）以及矿场巷道、废石场与尾矿积水对地表水和地下水的影响；二是巨大的尾矿区对植被的破坏，以及随之而来的生物多样性的降低。

在该矿山开采初期，人们的环境保护意识并不浓厚，对尾矿、废石问题并不关注。后来矿山的开采者泰克柯明柯公司意识到这个问题后，于20世纪70年代早期就安装了酸性排放处理设施。20世纪90年代早期，柯明柯公司就开始为矿山的闭坑做准备，比如与金伯利城共同合作，将该城市转为旅游城和退休人员的休闲地；调查各种各样的产业机会；公司把其过去数年来一直拥有的土地转给城市，以使其能够开发娱乐设施；后来公司还帮助开发金伯利滑雪场等。另外，金伯利城还建设了新的高尔夫球场、采矿博物馆等。截至2005年仍有6000多人生活在金伯利城，尽管该矿山已经闭坑，但是该城镇仍以良好的状态在运行，成为闭坑后矿业城市可持续的典范。

沙利文矿山成功闭坑的经验有：公司决策者支持，确保掌控社区对矿山的期望，不让公共设施依赖于矿山，注重各利益方参与，制订可操作的行动规划，公开透明以获取信任。

7 政策建议

当前，我国经济社会发展正处于新的转型期，由政府主导的数量速度增长方式向市场取向的质量效益提升方式转变。相应地，资源开发利用模式也将由生产规模驱动型向社区发展持续型转变。本研究提出的基于矿山生命周期的闭坑机制与实施方案能够较好地适应我国经济社会发展的这种趋势。为此，提出有关改善矿山闭坑管理机制的如下建议：

（1）认识基于矿山生命周期的闭坑管理机制重要性。基于矿山生命周期的闭坑管理机制反映了国外经济社会发达国家及地区矿山闭坑的最佳实践，符合我国经济社会可持续发展的趋势。

2012 年，中共十八大提出了经济建设、政治建设、文化建设、社会建设和生态文明建设的“五位一体”总体战略布局，较以往更加重视生态环境、安全健康等质量水平的提升。2014 年 7 月 8 日，国务院印发了《关于促进市场公平竞争维护市场正常秩序的若干意见》（国发〔2014〕20 号），提出了简政放权、依法监管、公正透明、权责一致、社会共治等资源配置和市场监管的原则。要求强化生产经营者主体责任，强化依据标准特别是在保障人身健康和生命财产安全、国家安全、生态环境安全等范围的标准进行监管。

基于矿山生命周期的闭坑管理机制及规范，面向矿产资源开发利用的生态环境、社区健康与人居安全保障，以矿区可持续发展为主要目标，以环境可靠、生产安全、资源节约、经济切实、社会负责为基本要求，通过利益相关方参与，促进矿山企业活动的公开透明和改善行业行为的规范及自律，使企业主动将从摇篮到摇篮的矿业开发及矿山闭坑理念贯穿于矿产资源开发利用的整个生命周期过程中，克服矿业开发的环境、健康与安全负面效应，能够符合国家生态环境文明建设布局和简政放权、发展市场政策趋势，有助于加强企业主体责任能力建设和提升企业商誉水平，是保障矿山社区及经济社会可持续发展的必然选择及途径。

（2）改善矿山闭坑内容综合化与治理多元化的协调性。基于矿山生命周期的闭坑内涵不仅是指面向矿产资源/储量和矿山地质信息报告的采后复垦及重建环节完成，并伴有矿业权或土地使用权期限的终结及交接，而且从矿产资源开发利用项目及其与社区的关系看，矿山闭坑更是指贯穿于整个矿山生命周期过程中、与闭坑目标完成及交接有关的一切活动，其最佳实践能够有效地减轻矿产及国土资源浪费、地质扰动及灾害、地形地貌及自然景观损害、生态环境退化、人居安

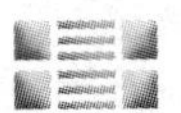

全健康损失、社区发展波动等负面影响及风险，涉及国土资源管理、生态环境管理、安全生产管理、社区安全健康管理、融资管理等诸多方面，体现了闭坑内容高度的综合化。另一方面，我国当前矿山闭坑的治理却表现出明显的行业化特征，效果受制于相关部门管理职能与跨度的局限性。相关的协调性与有效性迫切需要改善。

依据国家建设总体布局精神和国务院关于发展市场意见的指导思想，遵循政策指引、属地规制、产业自律、企业主导、公众参与等基本原则，把建设和推进基于矿山生命周期的闭坑管理机制作为适应国家经济社会转型、简政放权、改善矿产资源开发利用市场秩序的重要手段之一，提升矿产资源开发利用活动对社区乃至国家经济社会可持续发展的贡献水平。

(3) 强化矿山闭坑与绿色矿山建设的集成性。加大国家生态文明建设目标的落实力度，将基于矿山生命周期的闭坑管理机制及其实施方案集成到绿色矿山建设工作中，结合国家、相关部门及地方有关经济社会发展转型规划和矿山生态环境治理恢复要求，统筹好新建和生产矿山、大中小型矿山的绿色矿山建设与矿山闭坑计划，指导矿山企业遵循可持续发展原则、主动履行企业社会责任，从促进社区可持续发展、保护自然资源与生态环境、提高矿产资源利用水平等角度出发，把企业自身发展目标与社区发展需要协调起来。

(4) 推进矿山闭坑管理机制的实用性。相关政府管理部门应发挥引领、指导与协调作用，会同有关行业协会，调动公众社会积极性，促进矿产资源开发利用企业，参考《矿山闭坑指南》（建议稿），把矿山闭坑内容实施的关键环节诸如利益相关方咨询、土地利用规划、财经保障措施、闭坑基础资料采集、闭坑施工、采后监测维护、责任移交等与矿床勘查实施方案及探矿权授予、矿业项目可行性研究、矿产开发利用方案及采矿权授予、矿山规划设计、矿业权注销、土地移交以及全国绿色矿山建设工作等矿产资源开发利用管理环节紧密结合，推进《矿山闭坑指南》成为行业标准，为落实国家“五位一体”总体战略和促进国发〔2014〕20号文有关市场机制的建设与完善做出实质性贡献。

参 考 文 献

[1] 吴长彬. 矿山经济生命周期初探 [J]. 江西冶金, 1990 (1): 34 ~ 37.
[2] 宋书巧, 周永章. 矿山清洁生产示范研究 [J]. 中国人口资源与环境, 2003, 13 (3): 106 ~ 110.
[3] 刘红. 我国煤炭企业生命周期各阶段科技投入策略分析 [J]. 中国煤炭, 2010 (5): 37 ~ 39.
[4] 黄德林, 许星伟, 郭诗卉. 基于利益相关者视角的矿山地质环境多元监管模式探析 [J]. 安全与环境工程, 2013 (1): 3.
[5] 吉海涛. 利益相关者视角下资源型企业社会责任研究 [D]. 沈阳: 辽宁大学, 2010.
[6] 贾爱娟, 靳敏, 张新龙. 国内外清洁生产评价指标综述 [J]. 陕西环境, 2003, 10 (3): 31 ~ 35.
[7] 胡振琪, 赵艳玲, 赵姗, 等. 矿区土地复垦工程可垦性分析 [J]. 农业工程学报, 2004, 20 (4): 264 ~ 267.
[8] 赵颖弘, 胡明安. 鄂东南矿山环境评价指标体系 [J]. 地质科技情报, 2005, 24 (1): 91 ~ 94.
[9] 刘翀. 矿山工业企业绿色经济评价指标体系研究 [J]. 资源开发与市场, 2012 (6): 498 ~ 500.
[10] 邹长新, 沈渭寿, 刘发民. 矿山生态环境质量评价指标体系初探 [J]. 中国矿业, 2011, 20 (8): 56 ~ 59.
[11] 张德明, 贾晓晴, 乔繁盛, 等. 绿色矿山评价指标体系的初步探讨 [J]. 再生资源与循环经济, 2010, 3 (12): 11 ~ 13.
[12] 潘冬阳. 我国绿色矿业的评价思路探讨 [J]. 资源与产业, 2012, 14 (6): 106 ~ 109.
[13] 闫志刚, 刘玉朋, 王雪丽. 绿色矿山建设评价指标与方法研究 [J]. 中国煤炭, 2012, 38 (2): 116 ~ 120.
[14] 罗娟, 陈守余. 矿山环境质量评价指标体系及层次分析法评价 [J]. 安全与环境工程, 2005, 12 (1): 9 ~ 12.
[15] 刘金涛, 冯文凯, 胥良, 等. 矿山地质环境质量评价数学模型研究概述 [J]. 灾害学, 2011, 26 (4): 110 ~ 115.
[16] 成金华, 陈军, 易杏花. 矿区生态文明评价指标体系研究 [J]. 中国人口资源与环境, 2013, 23 (2): 1 ~ 10.
[17] 王红雷, 张小侠, 王秀茹, 等. 矿山开采生态环境恢复治理项目绩效评价研究——以河北省为例 [J]. 水土保持研究, 2011, 18 (3): 276 ~ 280.
[18] 宋海彬. 绿色矿山绩效评价指标设计 [J]. 煤炭技术, 2013, 32 (8): 5 ~ 7.
[19] 刘立忠, 匡伟, 陈书客. 采煤沉陷土地破坏程度评价指标体系的建立 [C]. 2011 全国矿山测量新技术学术会议论文集, 2011.
[20] 钟文丽, 邓江红. 四川拉拉铜矿区可持续发展评价指标体系构建 [J]. 金属矿山, 2008 (11): 141 ~ 143.
[21] 马嘉铭. 矿山环境治理绩效评价与预测研究 [D]. 武汉: 中国地质大学, 2012.

[22] 汪贻水．美国铁金铜钼矿的尾矿及利用［J］．中国实用矿山地质学，2010.
[23] 梁国华，杨琦，马荣国．农村公路绩效评价指标体系的构建方法［J］．中国公路学报，2008，20（6）：111 ~ 116.
[24] 沈小燕．道路危险货物运输企业安全评价研究［D］．西安：长安大学，2006.
[25] 李产义．层次分析法的岗位评价模型设计［J］．中国流通经济，2004，18（4）：40 ~ 44.
[26] 刘敦楠，陈雪青，何光宇，等．电力市场评价指标体系的原理和构建方法［J］．电力系统自动化，2006，29（23）：2 ~ 7.
[27] 秦南．产品质量安全风险监控绩效评估体系［D］．北京：北京科技大学，2013.
[28] 王志强．城市智能交通系统（ITS）建设项目效益评价分析［D］．西安：长安大学，2011.
[29] Khanna T. Mine closure and sustainable development: results of a workshop organised by the World Bank Group, Mining Department and MMAJ, Metal Mining Agency of Japan [M]. London: Mining Communications Ltd., 2000.
[30] Sheldon C G, Strongman J E, Weber-Fahr M, et al. It's Not Over When It's Over: Mine Closure around the World [J]. Mining and Development, 2002 (1): 1 ~ 28.
[31] Chilean Copper Commission. Research on mine closure policy [J]. Mining for the Future, International Institute for Environment and Development, 2002 (44): 1 ~ 94.
[32] Peck P. Mining for Closure: Policies and Guidelines for Sustainable Mining Practice and Closure of Mines [M]. Geneva: UNDP, UNEP, NATO, OSCE, 2005.
[33] European Union. Directive 2006/21/EC of the European Parliament and of the Council of 15 March 2006 on the management of waste from extractive industries and amending Directive 2004/35 [J]. Official Journal of the European Union, 2006, 49 (4): 15 ~ 33.
[34] Bell L C. Mine Closure and Completion [J]. Leading Practice Sustainable Development Program for the Mining Industry, 2006 (10): 1 ~ 63.
[35] Department of Mines and Petroleum (DMP) and Environmental Protection Authority (EPA). Guidelines for Preparing Mine Closure Plans [M]. Western Australia, 2011.
[36] Swart E. The South African legislative framework for mine closure [J]. Journal of South African Institute of Miningand Metallurgy, 2003, 103 (8): 489 ~ 492.
[37] Anzmec, M C A. Strategic framework for mine closure [J]. Commonwealth of Australia, 2000 (1): 1 ~ 22.
[38] Miller C G. Financial Assurance for Mine Closure and Reclamation: A Study Prepared by for the International Council on Mining and Metals [M]. London: International Council on Mining and Metals, 2005.
[39] International Council on Mining & Metals. Planning for Integrated Mine Closure: Toolkit [M]. London: International Council on Mining & Metals, 2006.
[40] Cowan W R, Mackasey W O, Robertson J G A. The policy framework in Canada for mine closure and management of long-term liabilities: A guidance document [M]. Ottawa: National Orphaned/Abandoned Mines Initiative, 2010.

[41] Chamber of Mines of Namibia. Namibia Mine Closure Framework [M] . Windhoek: Chamber of Mines of Namibia, 2010.

[42] Heikkinen P M, Noras P, Salminen R. Mine closure handbook [M] . Espoo: Vammalan Kirjapaino Oy, 2008.

[43] Haire M. Modern organizational theory [J] . Modern organizational theory, 1959.

[44] Newsome T, Low B. Minemakers Wonarah Phosphate Project [J] . 2009.

[45] Dodd Jr E M. For whom are corporate managers trustees [J] . Harv. L. Rev., 1931, 45: 1145.

[46] Freeman R. E. Strategic management: A stakeholder approach [M] . Boston, MA: Pitman, 1984: 56 ~ 61.

[47] Hoskin W M A. Mine Closure-The 21st Century Approach: Avoiding Future Abandoned Mines [J] . Internet Journal. Downloaded at http: //www. dundee. ac. uk/cepmlp/journal/html/vol12/article12 ~ 10. html, 2002, 12 (10) .

[48] Limpitlaw D. Mine closure as a framework for sustainable development [J] . Sustainable Development Practices on Mine Sites—Tools and Techniques, University of the Witwatersrand, Johannesburg, 2004: 8 ~ 10.

[49] Rezende M L. Financial assurance for mine reclamation and the closure plans [J] . Mine Closure in Iberoamerican. Rio de Janeiro: CYTED/ IMAAC/ UNIDO, 2000: 229 ~ 235.

[50] Laurence D C. Optimising Mine Closure Outcomes for the Community-Lessons Learnt [J] . Minerals and Energy-Raw Materials Report, 2002, 17 (1): 27 ~ 38.

[51] Kahn J R, Franceschi D, Curi A, et al. Economic and financial aspects of mine closure [C] // Natural resources forum. Blackwell Publishing Ltd., 2001, 25 (4): 265 ~ 274.

[52] Environmental I F C. Health and Safety Guidelines [J] . International Finance Corporation, the World Bank Group, 2007.